刻意致富
步上财富自由之路

融典 \ 编著

中华工商联合出版社

前　言

击破让你迟迟没有走向成功的"慢钱迷思"

现实生活中，我们经常听到一些人为自己生活不够富裕找借口，抱怨命运的不公。其实，这是很多人的通病。他们从来没有考虑过，他们之所以收入低，就低在思维上。思维的贫穷导致行动的落后，行动的落后导致生活的拮据。

世界上有许多有才华的人。他们读完大学读硕士，读完硕士读博士，甚至还要出国深造，考取各种各样的证书，以期在毕业的时候能找到一份好工作，得到一份高薪。在他们的思维中，从来就没有想过要开创自己的事业。

很多人看到比尔·盖茨、李嘉诚等人的财富都很艳羡，梦想着有朝一日能够像他们一样家财万贯。其实，要获得财富自由也不是没有可能。比尔·盖茨、李嘉诚起初也是白手起家的创业者，但他们通过不懈的努力成为富翁，他们致富的秘诀是什么呢？答案就是思维，他们时刻都像富人那样思考、行动，最终通过不懈的努力，他们实现了自己人生的辉煌。康有为在"维新变法"运动中提出"穷则变，变则通，通则久"，因此，生活陷入困境并不可怕。从某种意义上来说，贫穷是一种资源，贫穷是一种力量，更是一种财富，关键在于你要改变自己的思维，变得像富人一样思考，像富人一样行动，最终你也可以获得财富自由。

本书介绍了刻意致富的思维、方法，并和普通人的思维进行深入比较，启迪读者运用自己的财商和创造性思维，去进行投资和创业，努力寻找和把握机遇，使赚钱成为一种习惯，像一个成功人士一样思考和行动，步上快速致富之路，获得财富自由。

目 录

第 1 章
制定财富蓝图：财富始于雄心

相信梦想的力量	2
要有把格局做大的雄心	7
没有资本，但要有资本意识	12
树立明确的财富目标	16
制订详细的财富计划表	17
具备超前的创富眼光	21
树立远大的财富志向	25

第 2 章
改变财富观念：成功者想的和你不一样

思想很重要	30
致富理念	31
财富是一种思想	32
从心理上先改变	35
现在，就开始改变	39

第3章
重建财富逻辑：脑袋决定口袋，财商决定财富

财商决定财富	46
首先应该学习成功者的思维方式	49
要学会赚钱而不是攒钱	53
学会从不同角度看世界	57
让财富为自己工作	61
明天的钱今天用	64
善用别人的钱	66
把死钱变成活钱	68

第4章
活用财富定律：超级富豪都在用的黄金法则

内卷化效应：不断创新，避免原地踏步	74
比较优势原理：把优势发挥到极致	76
蜕皮效应：勇于挑战，不断超越	78
72法则：找对时机，让资产翻倍	81
多米诺骨牌效应：莫让一次失败套走你的财富	82
250定律：每一位顾客都是上帝	84
王永庆法则：富翁是省出来的	87
布里特定律：要推而广之，先广而告之	89
阿尔巴德定理：抓住顾客需求，才能赚到钱	90

第 5 章

激发财富灵感：小创意，大财富

发掘你的第一桶金	96
让与众不同的思考为你赚钱	99
创意是创新之母	102
远见卓识是成功者的标签	105
从蛛丝马迹中洞察财源	108
从小事中激发创意	112
善于在危机中发现商机	116
从身边的小事做起	118
以小钱赚大钱	122

第 6 章

建立财富管道：拥有源源不断的收入来源

要有一颗事业心	126
找平台去赚钱	133
善于掌握商机	135
打造个人财务方舟	137
流动的资金才能创造价值	141

第 7 章
利用财富雪坡：让雪球自动越滚越大

资金的时间价值	148
避免急功近利的短期操作	150
复利是投资成功的必备利器	152
定期定额的投资方法	155
持有时间决定获利概率	158
专注于自己的投资目标	162

第1章
制定财富蓝图：
财富始于雄心

相信梦想的力量

人活在世界上,不能没有梦想。没有梦想,就失去了前进的动力。放弃梦想,不去奋斗,岂不辜负了生命。

有一条毛毛虫一直朝着太阳升起的方向缓慢地爬行。在前行的路上,毛毛虫遇到了一只蝗虫。蝗虫问它:"你要去哪儿?"毛毛虫一边爬一边回答:"我昨晚做了一个梦,梦见我在大山顶上看到了整个山谷。我想将梦中看到的情景变成现实。"蝗虫惊讶地说:"你脑子进水了?你只是一条毛毛虫!一块石头对你来说就是高山,一个水坑就是大海,你怎么可能到达山顶?"

毛毛虫没有理会蝗虫的话,挪动着小小的躯体继续前进。后来,蜘蛛、鼹鼠和花朵也都以同样的口吻劝毛毛虫放弃这个打算,但毛毛虫始终坚持着向前爬行。终于,毛毛虫筋疲力尽了,它用自己仅有的一点力气建成了休息的小窝——蛹。最后,毛毛虫"死"了,所有的动物都跑来瞻仰那个被称作"梦想者纪念碑"的蛹。

一天,动物们再次聚集在这里。突然,大家惊奇地发现那个蛹开始裂开,从里面飞出一只美丽的蝴蝶。美丽的蝴蝶随着清风吹拂,翩翩飞到了山顶。重生的毛毛虫终于实现了自己的梦想……

很多人往往会对这个童话嗤之以鼻:"都是骗小孩子的!""**人穷哪有资格谈梦想?**"在梦想面前,很多人是无奈的。有些人为了生计整日奔波,哪有精力去勾画自己的梦想?经济基础决定上层建筑,没有强大的财力做后盾，任何理想都显得那么虚无缥缈，如同空中楼阁。事实上，大多数人对"实现梦想"表现得麻木不仁。他们遭遇过太多的失败，那种被称为"梦想的力量"的东西，似乎无法在自己身上培养出来。

很多人认为世界对自己不公平，没有良好的发展基础和发展机遇。于是对于自己未来的道路，他们用悲观消极的态度来审视，对于自己所处的环境，总是满腹牢骚。看不到自己发展的道路，更不敢向前迈步。对任何事情都充满了怀疑，包括时代、人生以及自己。在他们的眼里就没有什么事情"可行"，总认为自己是天下最倒霉的人，于是在愤怒和绝望中白白浪费了自己的时间和精力。

人最常犯的错误，就是总喜欢在自身之外去寻找本来存在于自身之内的东西。有些人总抱怨环境，他们不知道成功的潜能也潜伏在自己的体内。成功人士把这种潜能称为取得成功的心态或是"对成功的向往"。我们所看见的他们的成功，其实是这种成功心态的外在表现。陷入困境的人恰恰没有这种心态，他们有理由抱怨一辈子，但是等待他们的只能是失败和不幸。

梦想是一种动力，不管是大还是小。安于现状的人不相信梦想，还常常嘲笑别人微小的理想。其实微小的理想有时候就是一棵柔弱的小树苗，即使真的很微小很可笑，你可以嘲笑它的现在，但不能嘲笑它的将来，因为它有足够多的时间可以长为参天大树。**在现实生活中，许多伟大的梦想往往立足于微小的理想中。**"童话大王"郑渊洁只有小学文化，他从来没有想过自己要当全国知名的作家，很长一段时间他最大的愿望只是想发表一篇文章；比尔·盖茨最初的梦想不是成为世界首富，他只不过想从事自己喜欢的电脑行业并能有所建树。但现在，他们当初的梦想已经从一颗种子发展成了一片森林，郑渊洁笔下的舒克、贝塔等人物帮他建立了灿烂的童话王国，而比尔·盖茨更是缔造了属于自己的财富神话。

很多人也有过梦想，但他们发现自己的梦想和现实有太大的距离。事实上，世上绝大多数人的梦想都会被现实的铁锤一次次无情地击碎。但在梦想破碎之后，失败的人没有像成功人士那样越挫越勇，而是选择逐渐降低梦想。

上学的时候，有些人信誓旦旦地说一定要成为比尔·盖茨，要成为世界上最成功的企业家；当参加工作以后，发现成为世界首富太困难了，于是就觉得成为中国的首富也不赖；但是在工作岗位上打拼了几年以后觉得成为中国首富也不容易，于是再降低梦想，想成为本省的首富，再后来说要么成为家乡的首富吧，实在不行成为单位的首富也好……到了最后，想的是千万别把工作丢了，能挣多少算多少。

降低梦想，最后会变得没有梦想；没有梦想，那美好的生活就会变成不可能。

成功者的梦想也会遭受打击，但他们永不抱怨，依然坚定自己的理想，永不放弃。有了梦想，才能把不可能变成可能。

美国影星、健美运动员、加利福尼亚州前州长阿诺德·施瓦辛格在清华大学进行过一次演讲，他演讲的主题为"坚持梦想"，精彩的演讲引起了清华学子的强烈反响。

施瓦辛格说，自己小时候体弱多病，后来竟然喜欢上了健美。最初很多人都嘲讽他、质疑他，但他经过苦练，练就了一副强壮的身板，并多次赢得了世界级健美比赛的冠军。在随后的从影、从政过程中，外界的质疑也从未中断过，可他没有动摇，最后将梦想一个个地变成了现实。

"你们应该走出去，为学校、为国家、为世界大胆地实现自己的梦想！"施瓦辛格说，"不管你有没有钱或工作，不管你是否经受过短暂的挫折和失败，只要你坚持自己的梦想，就一定会成功！"

成功者相信"梦想的力量"，并不断努力追逐梦想，最终走向成功。如果你明白自己体内梦想的运行机制和活动能力，无论你是谁，都可以克服横阻在成功道路上的障碍，最终获得你想得到的一切。

安子曾是深圳某工厂流水线上的一个打工妹，经过20多年的奋斗，从打工妹变成作家、企业家，又从作家、企业家转变为培训导师，成为深圳极具传奇色彩的人物。她在创业论坛上分享其成功心得时说："影响我人生最大的就是梦想的力量！"

安子刚来到深圳的时候，只是在一个普通的电子厂做插件工，每天要工作12～16个小时。在电子厂工作了四个多月，她看到一个个普通的打工仔、打工妹，像一棵棵小草一样渺小，有时还被别人看不起。安子不甘心做一个平凡的人，她在日记里写了一句话："我要让自己的生命与众不同，我要通过自己的努力来成就我的人生！"

安子只有初中文化，于是她开始参加高中班的文化培训，接着在1988年考上了深圳大学继续教育学院，1999年开始攻读研究生，2004年拿到研究生文凭。这个过程中，工作照样做，写作继续写，学业一天也没有放弃。她能做到这些，就是源于自己心中的梦想！她被评为第三届中国十大新闻人物、中国改革开放20年20个历史风云人物、深圳十大杰出青年。她常用自己的奋斗故事和人生理念，激励青年朋友为实现梦想不断努力奋斗。

拿破仑·希尔说:"一切的成就,一切的财富,都始于一个意念。"一个人要摆脱低谷,先要敢想。在没有电灯之前,全世界的人都在用煤油灯和蜡烛来照明。有一天,一个美国人看到电流在通过金属丝时会发亮,他就想能不能让电流通过金属丝时,金属丝既不被烧断,又能够长时间发亮。经过数千次实验失败后,最后终于取得了成功,电灯由此诞生。这个美国人就是爱迪生。其实,电灯、指南针、火药、汽车、飞机、因特网等,都是世上本来并没有的,都是先由人们想出来,然后有人坚持去做才得以服务于人类。

敢想,更要敢干。天上永远不会掉馅饼,只有自己奋斗,才能得到又大又香的馅饼。成功者始终对自己的未来持有梦想,同时他们忠于现实,能踏实地走好自己的每一步,他们敢想敢干,不会在自己的人生旅途上迷失自我。

本田汽车公司的创始人本田宗一郎从小家境贫困。由于父亲是铁匠,有时还兼修自行车,在耳濡目染中,他对机车产生了浓厚的兴趣。他回忆道:"我第一次看到一部机车时,内心深深地受到震动,忘乎所以地追在它后面。虽然我只是个小孩子,但在那个时候,就梦想着有一天我要自己制造一部机车……"

20世纪50年代初期,机车行业竞争激烈,但五年内,他却成功地击败了机车行业里的200多位对手。他"梦想"中的机车在1950年推出,他终于实现了儿时的梦想。1955年,他在日本推出"超级绵羊"系列产品,并于1957年在美国上市。不同凡响的产品,加上创意新颖的广告口号——"好人骑本田",使得本田机车成为畅销产品,也给已经奄奄一息的机车行业注射了一针兴奋剂。到了1963年,本田机车在市场上打败美国的哈雷机车公司,成了机车工业主要的力量。

从现在开始，给自己造个"梦"。哪怕这个梦想一开始比较微小，甚至有些不切实际，但只要你敢想，并为之奋斗，成功就不再只是一个梦！

要有把格局做大的雄心

为什么成功者的事业能够越做越大，而有些人却难有大的作为，一辈子只停留在原地？难道真是因为他们的命运不同？当然不是！有些人之所以一直挣扎在原来的水平线上，而不能像成功者那样取得大的成就，关键还是在于他们没有大的抱负和雄心。

井植岁男是日本三洋电机的创始人，是一个白手起家的富翁。有一天，他家的园艺师向他请教："社长先生，我真是羡慕您。您的事业越做越大，光是家里的花园就比普通人家的院子大好几倍。您就像一棵大树，而我却像树上的蝉，一生都坐在树干上，太没出息了。您能教我一点创业的秘诀吗？"

井植岁男听完点点头说："行！我看你在园艺方面很有才华，比较适合园艺工作。这样吧，在我工厂旁有两万坪（1坪约为3.3平方米）空地，我们来合作种树苗吧！你知道现在一棵树苗多少钱吗？"

"大概40日元吧。"园艺师回答道。

井植岁男低头盘算了一下，说道："如果以一坪种两棵树苗计算，扣除道路用地，两万坪大约能种25000棵树苗，那么成本刚好是100万日元。三年之后，树苗应该长得和房子差不多高了，这时一棵树大概能卖多少钱呢？"

"大约300日元。"园艺师回答道。

"太好了！100万日元的树苗成本与肥料费由我支付，你负责除草和施肥工作就行了。三年后，我们就可以收入600多万日元的利润。到时候我们每人一半。"井植岁男认真地说。

听到这里，园艺设计师连连摇头。井植岁男问道："分到一半的利润还不够吗？"园艺师连忙解释："不不不，我根本没做过这么大的生意啊！600万日元，我想都不敢想，我看还是算了吧！"

最后，这个园艺师每天还是在井植岁男家整理着花园，按月领取着对他来说还算"丰厚"的工资。

现实中有很多人目光短浅、胸无大志，他们或许有成功的愿望，或许也取得了一点成绩，但是他们没有更加强大的雄心，所以当他们面对真正的大事业时，就会畏首畏尾、止步不前。雄心不够大，就算真的被推上了舞台中央，也不敢说出豪言壮语，这也是他们永远只是个"小人物"的原因。

"一亩田地一头牛，老婆孩子热炕头。"这恐怕是很多人的愿望。有些人很容易满足，只要达到了旱涝保收、吃饱喝足并略有结余的目标，就会不思进取，开始琢磨如何享受，而不懂得把结余投入到扩大再生产中。

我们常常可以听到有人这么说："赚了不少钱了，享享清福吧。""终于有了自己的店铺了，此生足矣！"在报纸上也常有这样的报道：某山村的农民凭着辛勤的劳动，办起了自己的养殖场，盖起了自己的二层小楼，但是有些人没有做大做强的想法，生活一有了点起色就开始混日子，结果养殖场倒闭，红红火火的日子持续了没几年，就又黯淡下去了。他的眼界就在这一亩三分地上，所以就永远跳不出这个狭小的圈子，即使有很好的致富机遇，也会白白浪费掉。

"小富即安"的保守思想让人不思进取，而这种思想对于一个企业更是致命的。市场环境复杂多变，一招不慎企业就会陷入危机。商界从来没有一劳永逸的生意，只有永远的竞争，你不把自己做大做强，别人就会在转瞬之间将你取代。

有一个商人，他从20世纪80年代起就开始了打拼，在广州开了一家彩印公司。那个时候，当地经济正在快速发展，这家企业可谓占尽了天时地利。后来，这位商人从香港引进了两台二手的四色印刷机，这在当时是非常先进的设备。随着四色印刷机投入生产，彩印公司的订单和利润也开始飞速增加。

过了几年，在企业的年产值接近6000万元时，生产达到了饱和状态。这时，公司的一些员工和客户都要求老板购买更好的设备，并扩大生产规模。但是眼下的成果早已让这个商人满足，况且购买一台新机器要几百万元，所以他犹豫再三，最终没有更新设备，也没有扩大公司规模。一年之间，印刷效果更好、效率和产值更高的彩印机械相继问世，各种彩印公司也如雨后春笋般出现，他的企业在不到五年时间内便慢慢地萎缩，最后破产了。

在《三国演义》中，曹操有这么一句话："人无大志，日后必受制于人。"在竞争激烈的现代社会也很适用，如果你没有大的抱负，而是固守着自己的小成绩，那么很快就会被淘汰。有的人害怕自己做大之后成为众矢之的，不想付出更多的心血和努力，所以他们竭力抑制着自己的欲望和雄心，消磨着自己的意志。而那些时刻追求财富的人则渴望突破自我，愿意接受各种挑战。他们不满足于"小富"，而是放宽自己的眼界，寻求更好的机遇，然后努力将企业的规模做大。

李嘉诚发家的基础是投资塑胶业。当年，他的长江实业开拓创新，成了香港塑胶行业的龙头老大。在一般人眼中，李嘉诚已经取得了令人瞩目的成绩，而且他在塑胶行业轻车熟路，如果在这一领域中安安稳稳地经营下去，想必无人能够撼动他的地位。然而李嘉诚清醒地认识到，世间万事万物都有盛衰的定律，只有看清世界大市场的发展趋势，开拓自己的领域，才能真正立于不败之地。

有一天，李嘉诚驱车去拜访一位友人，偶然看到了原野上一些建筑工人正忙忙碌碌地盖房子。他不由得豁然开朗，一下子意识到房地产是一个前景光明的产业。他回到公司后进行深入研究，发现香港长期处于缺房状态，房屋的增加量总是跟不上需求量。一方面由于香港人口大幅度增长，住宅需求量大增；另一方面由于香港经济飞速发展，急需大量的写字楼、商业铺位和厂房。经过了长时间的准备，李嘉诚决定挺进地产业。

1958年，李嘉诚在繁华的工业区北角购地，兴建了一幢12层的工业大厦；1960年，他在新兴工业区柴湾兴建工业大厦……从此，李嘉诚在地产界一发不可收拾。通过这一系列投资，李嘉诚的事业迅速走向辉煌，到如今，长江实业已涉足房地产代理及管理、港口及相关服务、电信、零售、能源、电子商贸、媒体及生命科技等众多领域。

眼睛仅盯着自己小口袋的是小商小贩，眼光放在世界大市场的才是大企业家。有句话说得好："财富源于梦想，雄心创造奇迹。"成功者之所以越做越大，就是因为他们有着强大的雄心。雄心使得他们不满足于小打小闹，而是能够坚持不懈地朝着更大的理想迈进。从某种意义上讲，雄心就是奇迹燃烧的火种，是辉煌人生的原动力。

在成功者眼里，世上只有不敢想的事，没有干不成的事。只要你有将格局做大的雄心，并付诸行动，就可以从的普通人变身成为卓越的成功者。

英国新闻界的风云人物诺思克利夫勋爵（北岩勋爵），15岁的时候在一家报社工作。当时他有着人人羡慕的优厚待遇，但是他本人向来不满足于目前的境遇，而是有更大的追求。在强大雄心的驱使下，他一直努力奋斗，终于在1896年成功地创办了《每日邮报》。当然，他的目标不仅仅如此，他希望成为新闻界的翘楚，而在1908年，这一梦想最终也得以实现。他得到了《泰晤士报》的控制权，后来又建立了英国最早的报团——北岩报团。

诺思克利夫勋爵一直看不起没有雄心的人，他曾对一个工作刚满三个月的助理编辑说："你觉得每周50英镑的薪水怎么样？你满意目前的职位吗？"那位编辑一副很知足的神情："我很满意自己现在的状况。"诺思克利夫听了之后马上把他训斥了一番，并失望地说："我不希望我的手下得了这么点薪水就感到满足。他应该是一个拥有强大的事业心，并能使自己的事业不断壮大的人。"

有了一点成绩就躺平，是一种消极的人生态度。如果你错误地认为，现在所拥有的将来一定还会拥有，目前的美好将来会一如既往地保持，那么你迈向成功的步伐便会停止，你永远也无法真正成功。拿破仑说："不想当将军的士兵不是好士兵。"只有树立更加高远的目标，将事业越做越大，时时努力超越自己，才能创造一个更加美好的未来。

没有资本，但要有资本意识

事业陷入困境，是因为没有资本。但如果一直如此，则说明不但没有资本，更没有成功的欲望，不懂得利用现有的资源去创造财富。准确地说，他没有**资本经营意识**。

马克思主义政治经济学告诉我们："所谓资本就是指能够带来剩余价值的价值。"资本是一种稀缺的生产性资源，是形成企业资产和投入生产经营活动的基本要素之一。

那么，对我们个人来说究竟什么是资本呢？在中国，"资本"一词由来已久，其原意是本钱和本金。据《辞源》解释，最早见于元曲"萧得祥杀狗劝夫"——"从亡化了双亲，便思营运寻资本，怎得分文？"在国外，"资本"一词来自拉丁文，其意初为人的"主要财产""主要款项"。现代意义上的资本最早出现于15世纪末到16世纪初，由意大利人提出，其概念是指可以凭借营利、生息的钱财，**资本的基本性质是价值的最大化**。

简单地理解，**资本就是可以用来赚钱的本金**。当然这个本金并不一定是货币，它也可以是其他的可以转化为货币的物质或资源。

其实，很多人并非真的一无所有，但即使有一些资源他们也不会有效利用，不知道把资源变成资本，因为他们没有这个意识，只会享用资源，而不会利用资源。

从古至今，浙江商人都是中国经济发展的重要推动力量。有人说，如果一个浙江人有300元钱，他就不会去挣每个月600元的工资。他宁愿自己投资当老板，哪怕是去摆地摊，受苦受累。这也就可以说明为什么浙江个体私营经济的发展速度要比全国总体的平均速度快了，因为他们有强烈的创业意识，他们的观念已经转变过来了。浙江的小商品制造业非常活跃，有人就靠几百元的资金起步，去做打火机、指甲刀一类的小玩意。但就这样，人家愣是把小东西做出了大品牌，成了身家千万甚至资产过亿的老板。温州的商人更是把生意做到了全世界，而且到哪儿都能火起来。

没有资本就很难发展，这是一个非常客观的问题，但更重要的是没有经营资本的意识，这才是根本原因。

只要你不是穷到没有饭吃的地步（现在穷得没饭吃的人基本已经没有），就要学会管理你有限的资产，让钱生钱，一元变两元，两元变三元，一旦你找到了赚钱的方式，它就会以几何倍增的方式放量递增。这样，再少的本钱也会膨胀起来。千万不要让你仅有的一点本钱躺在口袋里，无端地闲置或慢慢被消耗掉。**对待钱财，一方面你要拥有它，另一方面你也要学会经营它，让财富增长，使资本增值。**当你拥有的资产本来就很少的时候，这一点就显得尤为关键。

我们常有很多借口：我刚起步，攒的钱少，算不上什么资本。其实，人穷不是错，怕就怕不仅没有资本，更没有资本意识，有点儿钱也没有学会怎么经营它，不能正确地认识所拥有的或者是从外部得到的资源的价值，未能让它们发挥应有的作用。

有一个故事，虽然并未直接涉及财富积累，但故事中这头驴子的精神却非常值得身处困境的人们学习。

有一天，农夫的一头驴子不小心掉进一口枯井里，农夫绞尽脑汁想救出驴子，但几个小时过去了，驴子还在井里痛苦地哀嚎着。

最后，这位农夫决定放弃，他想这头驴子年纪大了，不值得大费周折把它救出来。不过无论如何,这口枯井还是得填起来。于是农夫便请来左邻右舍帮忙,一起将井中的驴子埋了,以免除它的痛苦。

农夫和邻居们人手一把铲子,开始将泥土铲进枯井中。当驴子了解到自己的处境时,刚开始嚎叫得很凄惨。但出人意料的是,一会儿之后驴子就安静下来了。农夫好奇地探头往井底一看,眼前的景象令他大吃一惊:当铲进井里的泥土落在驴子的身上时,驴子的反应令人称奇——它将泥土抖落在一旁,然后站到抖落的泥土堆上面!

就这样,驴子将大家铲在它身上的泥土全都抖落在井底,然后再站上去。很快,这头驴子便接近了井口,然后在众人惊讶的表情中快步跑了出来!

这头驴子竟有如此强的"资本意识"!它正是巧妙利用了现实条件而得以脱离困境的。很多创富之人的成功轨迹就像这头驴子——把每一分钱都转化为资本垫在自己的脚下,随着资产的扩张,自己也渐渐地接近成功。人们身处艰难困苦中时,常常会得到各方面的帮助,但有的人却未必能把别人的帮助转换为自己发展前进的动力。把别人的帮助不当资源,他永远在等待别人的救助,而不是积极地利用现有条件寻求"新生"。

有些人的钱不是资本,而是供自己随意花销的现金。你可以帮助他维持生活,却很难帮他彻底摆脱困境。**如果他有100元,他首先想到的是买米买面,而不会考虑如何把这100元变得更多;他有了200元,会立即去买酒买肉,大吃一顿,而不会拿出100元来做"投资",使资本增值;他有600元,就会去买件好看的衣服,把自己打扮打扮;如果他有1000元的话,他会摆两桌酒宴,让自己看上去更有面子。**这就是,贫穷的思维、贫穷的习惯。他已经习惯了这样的生活、这样的处境，对困境似乎不再反感。有了钱就会花掉，就想去改善生活，享受一把。只想到眼前的生活，没有长远的打算。这样的思想，哪怕给他500万元，他也能很快花光。他会马上去买车、买房、买高档衣服，吃喝玩乐尽力花，今朝有酒今朝醉。但钱只出不进，潇洒的日子过不了多久，还是要回到起点。

只会花钱、不会赚钱的人，永远也不可能积累财富！

成功者都具有非常强烈的资本意识，在创富之初，他会尽一切可能去利用资本，想方设法为自己创造和积累资本。李嘉诚开办长江塑胶厂的几千元资金，是在给别人打工期间赚到的，也是省吃俭用积攒下来的。他完全可以把这些钱用来改善生活，购买自己需要的东西，但他没有这样做。很多成功者最开始并没有多少钱，但钱再少，也是资本，也是可以无限成长的资金之源。

没有资本不是最可怕的，最可怕的是没有资本意识，更没有认真学习经营和积累资本的方法与技巧。这样一来，就只会在思想上羡慕老板的成功和魅力，行动上却从来不敢向创业迈进一步。白天认真贯彻践行着《把信带给加西亚》《没有任何借口》这些"职场教材"，晚上为了《富爸爸穷爸爸》的人生启蒙和梦想而眼眶湿润，但现状并未因此而改变！

今天还在给别人打工、以劳动换取工资的人，明天就开始走向成功，不是他挣了多少钱，而是他具有很强的资本意识，这才是他最大也是最基础的"资本"。

富人思来年，穷人思眼前。明天的收获取决于今天的投入，不能立即改变物质的拥有量，但可以尽快改变自己的思想认识。只有你改变观念，具有强烈的投资意识，善于利用资本，资本才会不请自来。

树立明确的财富目标

在确立财富目标时通常需要考虑再三，在考虑的过程中，应遵循以下几个原则：

1. 具体量度性原则

如果财富的目标是"我要做个很富有的人""我要发达""我要拥有全世界""我要做李嘉诚第二"……那么可以肯定，你很难实现这些目标，因为这些目标是那么抽象、空泛，而且这是极容易变化的目标。要具体可行，比如，要从什么职业做起，要争取达到多少收益等。此外，还必须要考虑这个目标成功的概率是否比较大，如果成功的概率没有达到50%，就应该暂时把目标降低，务求它有较大的成功率，在日后等这个阶段目标实现后再冲向更高的目标。

2. 具体时间性原则

要完成整个目标，就要定下期限，规定在何时把它完成，要确定完成目标过程中的每一个步骤，而且完成每一个步骤都要定下期限。

3. 具体方向性原则

要做什么事，必须十分明确执着，不可东一榔头西一棒，朝三暮四。如果有一个成功概率只有一半的目标，等于有一半可能性是失败，当中必然会遇到一些障碍、困难和痛苦，就有可能远离或脱离目标，所以要确实了解你的目标，必须预料在完成目标过程中会遇到什么困难，然后逐一把它们详尽记录下来，加以分析，评估风险，把它们依重要性排列出来，与有经验的人研究商讨，然后再认真解决。

制订详细的财富计划表

财富就像一棵树,是从一粒小小的种子长大的。如果在生活中制订一个适合自己的财富计划表,那么财富就会依照计划表慢慢地增长。起初是一粒种子,但种子总有一天会长成参天大树。

制订一个财富计划表对自己的财富增长相当重要。在设定财富计划表时,要先弄清楚以下几个问题:

第一,我现在处于什么样的起点?

第二,我将来要达到什么样的制高点?

第三,我所拥有的资源能否使我到达理想目标?

第四,我是否有获取新资源的途径和能力?

弄清以上几个问题后,就能订出明确的目标。有了适度的财富目标,并以此目标来主导我们获取财富的行动,就可以到达幸福的彼岸。

制订财富计划表是重大财务活动,必须要有目标,没有目标就没有行动、没有动力,盲目行事往往成少败多。在设定财富计划表时应该把需要和可能有机地统一起来,在此过程中,必须要考虑到以下四个要素:

1. 了解自己的性格特点

在当前这样一个经济社会中,你必须要根据自己的性格和心理特征,确认自己属于哪一类人。由于性格千差万别,每一个人面对风险的态度是不一样的,概括起来可以分为三种:第一种为风险回避型,他们注重安全,避免冒险;第二种是风险爱好者,他们热衷于追逐意外的收益,更喜欢冒险;第三种是风险中立者,在预期收益比较确定时，他们可以不计风险，但追求收益的同时又要保证安全。生活中，第一种人占了绝大多数，因为大多数人都害怕失败，只追求稳定。往往是那些勇于冒险的人走在了创造财富的前列。

如果你想开启财富的大门，那么就要按自己能够承受的风险的大小来选择适合自己的投资对象。

（1）稳重的人投资国债。稳重的人讨厌那种变化无常的生活，不愿冒风险，比较适合购买利息较高，但风险极小的国债。

（2）百折不挠的人搞期货。百折不挠的人不满足于小钱小富，决心在金融大潮中抓住机遇，即使失败了，也不灰心，他们想放长线、闯大浪，不达目的不罢休。

（3）信心坚定的人选择定期储蓄。信心坚定的人在生活中有明确的目标，没有把握的事不干，对社会及朋友也守诺言，不到山穷水尽不改变自我。

（4）脚踏实地的人投资中长期资产。脚踏实地的人干劲十足，相信自己的未来必须靠自己的艰苦奋斗。他们知道，稳定收益是长期的，同时复利加上时间会创造奇迹。

（5）井然有序的人投资保险。做事有序的人生活严谨，有板有眼，不期望发大财，但求平安无事，一旦遇到意外，也有生活保证。

（6）审美能力高的人投资收藏。审美能力高的人对时髦的事物不感兴趣，反而对那些稀有而珍贵的东西爱不释手。

（7）最爱冒风险的人投资股票。爱冒险的人喜欢刺激，把挑战风险看成是浪漫生活中的一个重要内容。他们一经决定，就义无反顾地参与炒股活动，甚至终生不渝。

与此同时，每个人都要具备独立思考的能力，这样就能得心应手地独立投资。当股票市场喜讯频传，经济发展面临较大挑战时，股市如果没有持续上涨的理由和政策支持，那么就应该考虑出售了。反之，当股市一片卖单，人人都绝望透顶时，一切处于低潮，这时就是投资的良机，你就可以在底部区域大胆介入，然后长期持有，必有厚利。

2. 知识结构和职业类型

创造财富时首先必须认识自己、了解自己，然后再决定投资。了解自己的同时，一定要弄清自己的知识结构和综合素质。每个人都要根据自己的知识结构和职业类型来选择适合自己的创造财富的方式。

有的人在房地产市场里如鱼得水，但投资股票却处处碰壁；有的人爱好收藏，上手很快，不长时间就小有成就，但对投资企业却费了九牛二虎之力，仍找不到窍门。如果受过良好的高等教育，知识层面比较广，从事比较专业的工作，你大可抓住网络时代的机遇，在知识经济时代利用你的专才，运用网络工具进行理财。如果你是从事艺术创作的人才，你可充分发挥你的专长，在书画艺术投资领域一展身手，但这是一般外行人难以介入的领域。如果你是一名从事具体工作的普通职员，你也不必灰心，完全可以从你熟悉的领域入手，寻找适合自身特点的投资工具。相信有一天，你也会成为某一方面的"理财高手"。如果你对股票比较精通，做事果断干脆，且有足够的时间去观察股票和外汇行情，不断地买进、卖出，你就可以将股票和外汇买卖作为投资重点，并可以考虑进行短线投资。如果你是一名职员，上班时间非常忙碌，又不喜欢天天盯在股市上，你就可以选择证券投资基金。投资基金汇集了众多投资者的资金，由专门的经理人进行投资，风险较小，收益较为稳定。

创造财富是人人都想做的事情，同时也是一门学问，制订一个财富计划表对创造财富相当重要。我们只能从实际出发，踏踏实实，充分发挥自己的知识，这样才有可能成为一个聪明的创富者。

3. 资本选择的机会成本

在制订财富计划表的过程中，考虑了投资风险、知识结构和职业类型等各方面的因素和自身的特点之后，还要注意一些通用原则，以下便是绝大多数创富者的行动原则。

（1）不要把鸡蛋放在同一个篮子里。一般而言，年轻人可能都想在高科技企业股票或是新兴市场上多做投资，而上了年纪的人则倾向于将钱投到蓝筹股，但理智的做法是让你的投资组合多样化。中国有一句俗语，"东方不亮西方亮"，这就表明鸡蛋不能放在同一个篮子里。

（2）保持一定数量的股票投资。股票类资产必不可少，投资股票既有利于避免因低通胀导致的储蓄收益下降，又可抵御高通胀所导致的货币贬值、物价上涨的影响，同时也能够在行情不利时及时撤出股市，可谓是进可攻、退可守。

（3）反潮流的投资。别人卖出的时候你买进，等到别人都再买的时候你卖出。大多成功的股民正是在股市低迷无人入市时建仓，在股市热热闹闹时卖出获利。

像收集热门的名家字画，如徐悲鸿、张大千等，投资大，有时花钱也很难买到，而且赝品多，不识别真假的人往往花了冤枉钱，而得不到回报。不过，投资一些年轻艺术家的作品，有可能将来会得到一笔不菲的回报。又比如说收集邮票，邮票本就价格低廉，但它作为特定的历史时期的产物，在票证收藏上独树一帜。目前虽然关注的人变少了，但潜在的增值空间是不可低估的。

（4）努力降低成本。我们常常会在手头紧的时候透支信用卡，其实这是一种不太理智的做法，这些欠款往往不能及时还清，结果是月复一月地付利，导致最后债台高筑。

（5）建立家庭财富档案。也许你对自己的财产状况一清二楚，但你的配偶及孩子们未必都清楚。你应当尽可能使你的财富档案完备清楚，这样，即使你突遭意外或丧失行为能力的时候，家人也知道如何处置你的资产。

4. 收入水平和分配结构

选择财富的分配方式，也是财富计划表中一个不可缺少的部分。分配方式的选择首先取决于你的财富总量，在一般情况下，收入可视为总财富的当期增量，因为财富相对于收入而言更稳定。在个人收入水平较低的情况下，比如主要依赖工资薪金的人，对货币的消费性交易需求极大，几乎无更多剩余的资金用来投资，其财富的分配重点应该放在节俭上。

投资资金源于个人的储蓄，对于追求收益效用最大化的创富者而言，延期消费而进行储蓄，进而投资创富的目的是为了得到更大的收益回报。因此，个人财富再分配可以表述为，在既定收入条件下对消费、储蓄、投资创富进行选择性、切割性分配，以便使得现在消费和未来消费实现的效用最大。如果为这段时期的消费所提取的准备金多，用于长期投资创富的部分就少；提取的消费准备金少，可用于长期投资的部分则就多，进而你所得到的创富机会就会更多，实现财富梦想的可能性就会更大。

具备超前的创富眼光

收入高低并不是最重要的，关键是要树立创造财富的长远目光。努力提高收入是天经地义的，但为了增加收入，必须要培养一种意识，即眼前的利益必须放在长远的规划中来看待。

在香港的富豪中，知名实业家霍英东不是最有钱的，但他一直无私地支持国内的公益事业。

霍英东除了经营博新公司外，还有地产、建筑、酒楼、航运、石油、酒店、金融、航空和公共交通等项目，持有澳门娱乐公司及信德船务的股份和董氏信托股份，通过董氏信托持有东方海外国际企业与奥海企业的股份等，并投资珠江两岸汽车轮渡服务，拥有广州白天鹅宾馆、东方石油的主要股权和港龙航空少数股权及加拿大一批物业。

在香港富商中，霍英东的起点可能是最低的。他本是船民之子，当许多人已腰缠万贯时，他每天还在为吃饭问题苦苦挣扎。他没有祖业可以继承，也没有靠山可仰赖依靠，完全凭借自己的远大胸襟和永不气馁的创业精神，赤手空拳打天下，创建了自己的商业王国，大胆、勇敢、冒险、创新再加上坚韧不拔，成就了一个香港商业界传奇。霍英东吃苦耐劳的作风同样是商人精神的典范。他性格开朗，容易接受新事物，勇于创新；他境界高远，不因小成就而满足，永远追求更大的事业；他不甘渺小，意志坚定，从不转移目标，永远忙忙碌碌，用事业体现自身的生存价值。

他上中学时，日本侵略者占领香港，时局动荡，他辍学加入了苦力行业，从事了各种不同的苦力工作，虽然他表现不错，但无奈收入太微薄，看看出头无望，于是他主动辞职了。当一个人被生活逼到绝处的时候很容易萎靡不振，但也有可能更加顽强、更加发奋，饥饿、劳顿没有使他屈膝，反而激发了他对美好生活的向往。

日本投降后，第二次世界大战的战火渐渐平息，人们的生活趋于稳定，各行各业也渐次走上了发展轨道。霍母以其生意人的眼光，看准了运输业务快速发展的前景，放弃了杂货店生意，把股权卖了8000元，租下了海边的一块地皮，经营起驳运生意。霍英东替母亲管账，代她去收佣金，工作十分勤奋。母亲虽然精明稳健，是一家之主，但也逐渐满足于这个小生意。霍英东却不然，他不满足于现状，一心想做成一番大事业，在这方面正好可以弥补母亲的不足。他感觉这样下去很难有太大的发展，便开始留心观察，等待机会。

1948年，霍英东得知日本商人以高价收购可制胃药的海草，他自己从小在舢板上长大，知道这种海草生在海底，而且只有在东沙岛周围才有。于是他马上买来一艘船，并联络到十多个想赚钱的渔民，一同驶向东沙岛。

他的判断没错，但海草全部卖完结算时，他们在海上六个月的辛苦所得竟然只够开销，等于一无所获。

1950年，抗美援朝战争爆发，大量的军用物资堆积在香港的码头上，在这里处理的民用物资也无法估计。出生于驳船世家的霍英东自知这个机会宝贵，迅速紧紧抓住，在香港展开了驳运经营。这次他认真吸取了以往失败的教训，行动之前先进行了精心的筹划，而后才按既定方针投入营运，并在实际过程中不断加以修正，随机应变。

由于牢牢抓住了机会，生意搞得十分顺利，他的拖船也很快由一条、两条变成了十条、数十条，成倍增加。这次创业中，他终于取得了重大突破，一举成为香港实业新星。

商人就是商人，无不想赚取更多的利润，将生意做得更大。霍英东正是如此。他几乎可以说是一个天生的商人，始终不肯歇息，狂热地追逐着利润，并不以已有的成就为满足，总是在追寻着新的商机。航运上获得成功后，霍英东又看准时机，大胆涉足香港地产市场。

1954年，霍英东创建了立信建筑置业有限公司，从事地产业的投资经营。当时香港从事房地产投资的人很多，因为这是一个赚钱又多又快的行当，但真正在地产生意中获得成功的人却总是有限的。

从买进第一宗房地产起,几年内,立信建筑置业有限公司所建的楼在香港已到处可见,到20世纪70年代末80年代初,他名下有30多家公司,大部分经营房地产。

霍英东的真正突飞猛进,其实是从20世纪60年代初在经营房地产的同时兼"淘沙生意"开始的。60年代初,香港房地产业有了很大的发展,很多楼宇、码头同时开建,对河沙的需求量猛增,霍英东本人也在经营房地产的过程中为建筑材料的紧缺伤透了脑筋。也许正是因为他出身于水上人家,有着与其他房地产商不一样的参考系,他非常具有远见,想到了另一条财路——海底淘沙。

海底淘沙是一种费工多、收获少的行当,很多建材商不仅不愿轻易问津,甚至视之为赔钱的买卖。但霍英东却有自己的打算:从海底淘沙,不仅可以获得大量建筑用沙,而且可以挖深海床,有利于港口扩建,是一个很有前途的事业。只不过要想在海底淘沙中赚大钱,靠一般方式不行,需要加以改革,用现代化的设备。

为了实现海底淘沙的设想,霍英东派人到欧洲订购了一批先进的淘沙机船,用现代化手段取代落后的人力方式。凭着为人所不敢为的果敢精神,霍英东从香港商界的视野盲点找到了真正的商机,创造了奇迹。与此同时,霍英东奇招独出,与政府有关部门订立了长期合同,专门由他负责供应各种建筑工程所用的海沙,这使他成为香港淘沙业中的王者。此后,香港各区的大厦建筑、各处码头的建筑,以及填海工程,均由霍英东的"有荣公司"负责供应海沙。

他做生意的基本战略就是"超前"意识,在思考上要有超前眼光,在落实上要有超前行动,因而他一旦思考成熟,便迅速动手。"填海造地"设想的实现过程也是如此:主意既定,便开始紧抓落实,大手笔地从美国、荷兰等国购进先进设备,放开手脚地承造当时香港规模最大的国际工程——海洋水库淡水湖工程的第一期。此举打破了外资垄断香港产业的旧局面，并使霍英东"房地产工业化"的格局增加了一项"填海造地"。及至后来，这一做法不断为香港房地产业商人所沿用，成为香港地产业发展的一大趋势。

远大的目光加上超前的行动，是霍英东的经营智慧。但回顾他的创业经历，最宝贵的还是他所具有的屡挫不馁的事业心，以及吃苦耐劳的精神，这其实也是许多商人的共性。

总之，要想成为一位成功人士，必须具备长远的挣钱眼光和致富意识，这一点是必不可少的。

树立远大的财富志向

一提到成功、财富，有人就认为这是一个太俗的话题。

对于这种对财富有偏见的人，只一个问题就能让他哑口无言："要维持日常生活，谁能离开钱？"

生活就是生活，它是由一个个再现实不过的细节组成的，比如说，吃饭、穿衣、住房、子女教育、赡养老人、退休养老……这里没有娱乐，没有休闲，没有怡情，没有浪漫，它们都是组成生活的最基本的、最必需的元素。没有钱，完成其中任何一件事都困难，面对这么多的事情怎能不度日如年？就更别说远大志向了。

有些人出生时，家庭条件不好，代代相传，一直是普通人家。即使他们当中有进步者渴望改变，也会因受到各种现实条件的制约而难以如愿。周围人每天的话题无非就是如何节约、哪有打折商品，整天心里、脑子里只想着这些鸡毛蒜皮的小事，哪里还会有什么大志向？同时，有些人身边也不乏"能人"，一听说谁有点创业的想法，他的朋友便围过来，帮着"分析研究"其行动方案。他们从中看到的多是负面消极的因素，七嘴八舌，对创业者泼几盆凉水。这样一来，创业者的改变想法还在萌芽阶段就被掐死了。

有句话说得好，机会总是留给有准备的人，而很多人一般都是毫无准备的。很多人大多没有时间和精力做准备，因为他们每天都得为生活不停地奔波；他们也没有资本去做准备，因为他们努力所得只能满足自己和家人的生计。而成功者则不同，他们不但财富自由而且时间自由，他们时刻都在留意各种机遇的出现，并为此做了充足的准备，随时都能捕捉到机遇，进行投资。

在机遇问题上，很多人永远都是落后者。他们信息渠道不畅，收集不到有效的信息，即使偶尔能幸运地遇上一点有用的信息，也不知如何利用和把握，最终不是错失良机就是被别人领先一步。

现实虽然残酷，但现实是可以改变的。中国有个成语叫"志在必得"，这个词很好，有志才能得。所以，我们不论困难到什么程度，都得有志！

人穷志不穷，没钱是暂时的，但若没志就可能是一辈子的。能够成功的人都不是无志之人，没有哪一个成功人士是在浑浑噩噩中富起来的。一个人要想有所作为，就必须尽早树立自己的奋斗目标。虽然说古人向往的"治国平天下"在我们身上不太实际，但如果换成一句"为成功而努力"，还是很有意义的。

志向就是目标，没有目标就会失去人生的方向，如同被风刮起的一片树叶，不知所向何方，哪里才是归宿。有了目标就有实现的可能性。在看到个人计算机良好的发展趋势之后，比尔·盖茨的志向就是要让所有的电脑都能用上自己的软件,现在他实现了自己的目标。

很多人都听说过关于法国媒体大亨巴拉昂临死之前征集"很多人缺什么"之答案的故事,最终得知,很多人最缺的不是钱,也不是机会,而是走向成功的雄心。其实,你真正了解一下那些事业有成的人,那些在各个领域取得非凡业绩的成功人士,他们所做的每一件事情都雄心毕露。想当初,李嘉诚斥资 20 亿美元,买下了位于北京王府井步行街占地 10 万平方米的"东方广场"项目,要知道,这可是北京城的核心地段,其未来的商业价值是不可估量的,李嘉诚的地产雄心由此可见一斑。

越是处于困境的人越需要雄心,因为你什么都没有,你更需要为自己找到一个精神支柱,找到一盏航灯来指引你前进。成功人士之所以能在艰难的环境中百折不挠,直到实现自己的理想,就是因为他们有自己的航灯,有精神支柱,有战胜困难的勇气和动力。一个没有远大目标和实现目标强烈愿望的人,遇到困难当然就会选择退让、选择回避。这样的人,永远也走不出一条自己的路。

现在看得越远,将来就能走得越远。不敢想的人,也别期望他能做出非常的成绩。

第 2 章
改变财富观念：成功者想的和你不一样

思想很重要

美国人罗伯特·清崎所著的《富爸爸穷爸爸》一书中，穷爸爸受过良好的教育，聪明绝顶，拥有博士的光环，他在不到两年的时间里修完了四年制的大学本科学业，随后在斯坦福大学、芝加哥大学和西北大学进一步深造，并且在所有这些学校都拿到了金奖。他在学业上都相当成功，一辈子都很勤奋，也有着丰厚的收入，然而他终其一生都在个人财务的泥沼中挣扎，被一大堆待付的账单所困。

穷爸爸生性刚强，富有非凡的影响力，他给过罗伯特许多建议，他深信教育的力量。对于金钱和财富的理解，穷爸爸会说："贪财是万恶之源。"在很小的时候，穷爸爸就对他说："在学校里要好好学习，考上好的大学，毕业后拿高薪。"穷爸爸总是很关心加薪、退休政策、医疗补贴、病假、工薪假期以及其他额外津贴之类的事情。对他而言，劳动保障和职位补贴有时看来比职业本身更为重要。他经常说："我辛辛苦苦为学校工作，我有权享受这些待遇。"

当遇到财富方面的问题时，穷爸爸习惯于顺其自然，因此，他的理财能力就越来越弱。这种结果类似于坐在沙发上看电视的人在体质上的变化，懒惰必定会使你的体质变弱、财富减少。穷爸爸认为富人应该缴纳更多的税去照顾那些比较不幸的人，并教导罗伯特："努力学习才能去好公司。"还认为他不富裕的原因是因为他有孩子，他禁止在饭桌上谈论钱和生意，说挣钱要小心，别去冒风险。他相信他的房子是自己最大的投资和资产，对于房贷，他总会**按期**支付。

穷爸爸努力存钱，努力地教罗伯特怎样去写一份出色的简历以便找到一份好工作，他还经常说："我从不富有，罗伯特对钱没有兴趣，钱对于我来说并不重要。"他很重视教育和学习，希望罗伯特努力学习，获得好成绩，找个挣钱的工作，能够成为一名教授、律师，或者去读MBA（工商管理硕士）。

尽管这种思想的力量不能被测量或评估，但当罗伯特还是小孩子的时候，就已经开始明确地关注自己的思想以及自我表述了，并注意到了有些人之所以穷，不在于他挣钱多少，而在于他的思想和行动。一直到后来，罗伯特都这样认为。

致富理念

富爸爸没有毕业于名牌大学，他只上到了八年级，而他的事业却非常成功，一辈子都很努力，他成为夏威夷最富有的人之一，他一生为教堂、慈善机构和家人留下了数千万美元的巨额遗产。

富爸爸在性格方面也是那样的刚强，对他人有着很大的影响力。在他的身上，罗伯特看到了富人的思想，同时也带给他许多的思考、比较和选择。

当时，在美国的学校里没有开设有关"金钱"的课程。学校教育只专注于学术知识和专业技能的教育及培养，却忽视了理财技能的培训。这也解释了为何众多精明的教师、医生和建筑师在学校时成绩优异，可一辈子还是要为财务问题伤神；放到国家层面，美国岌岌可危的债务问题在很大程度上也归因于那些做出财务决策的政治家和政府官员，他们基本都受过高等教育，但却很少甚至几乎没有接受过财务方面的必要培训。

富爸爸对罗伯特的观念产生了巨大的影响,同时,他时常说:"脑袋越用越灵活,脑袋越活,挣钱就越多。"在他看来,轻易地就说"我负担不起"这类话是一种精神上的懒惰。当他遇到经济方面的问题时,他总是想办法去解决。长此以往,他的理财能力更强了。这类似于经常进行体育锻炼,可以强身健体,经常性的头脑运动可以增加自己获得财富的机会。富爸爸与穷爸爸在观念上的差异很大,富爸爸在吃饭时鼓励孩子谈论钱和生意,并教他们如何管理风险。他认为房子是负债,如果认为自己的房子是最大的投资,那么自己就会有麻烦了,他总是在还款期最后一天支付贷款。

富爸爸总是把自己说成一个富人,他拒绝某事时会这样说:"我是一个富人,而富人从来不这么做。"甚至当一次严重的挫折使他破产后,他仍然把自己当作富人。他会这样鼓励自己:"穷人和破产者之间的区别是——破产是暂时的,而贫穷是永久的。"他永远相信财富的力量,他鼓励罗伯特去了解财富的运转规律并让这种规律为自己所用。

罗伯特九岁那年,最终决定听从富爸爸的话并向富爸爸学习挣钱。同时,罗伯特决定不听穷爸爸的,因为虽然他拥有各种耀眼的大学学位,但不去了解财富的运转规律,不能让财富为自己所用。罗伯特明白了,富爸爸之所以富,那是因为他拥有不一样的理财理念。

财富是一种思想

财富也是一种思想,如果你希望得到更多的钱,那就需要改变你的思想,许多成功人士都是在某种思想的指导下白手起家,从小生意做起,然后慢慢地做大。从中关村到沃顿商学院的吕秋实就是一个典型的例子。

吕秋实从苏州大学中文系毕业后,想去政府机关工作,想好好干一番事业,但因为种种原因没有如愿。吕秋实一气之下回到家里,想别的办法。他就不相信,堂堂苏州大学中文系的毕业生会没有工作干。

经过一番努力,总算有几个单位要他,但是他不满意,不愿意去。他想进政府机关,只朝那个方向努力。可是他错过了大学应届毕业生就业的机会,所以即使有政府机关愿意要他,手续也非常麻烦。转眼两个月过去了,吕秋实束手无策,闷闷不乐地待在家里。母亲特别心疼,从箱子里掏出5000块钱,要他拿去找工作或去做个买卖。当时,他没有再去找工作,也没有去做生意,又开始埋头苦学。1987年,他考上了复旦大学国际政治系的研究生。

在他23岁生日那天,父亲专程从浙江到上海看望儿子,并拿出5000元钱替儿子承包了校外一家公司的一个事业部,作为生日礼物送给了儿子。当时吕秋实非常意外,但已骑虎难下,只好干下去。于是,他偷偷地联系了三个同学,中午跑客户,晚上干活,上午、下午上课。上学期间,吕秋实和三个同学赚了八万元。

研究生毕业后,他没有找工作,把两万元作为礼物送给了姐姐,剩下的一万元带在身上,去了北京。

1991年,吕秋实到中关村的一家电脑公司工作。最初当货品管理员,每月工资500元,除去房租每月只能勉强度日。但吕秋实从不向老板提工资的事,相信老板不可能总给他这点钱。果不其然,在短短的两年里,他先后成为业务经理、部门经理、总经理助理、人事主管、副总经理,月薪由500元涨到1000元再到3000元,直到8000元。1993年,作为副总经理的吕秋实已经不用为生计而挣扎了,变得很清闲。

吕秋实看准时机向老板建议实行股份制，说自己不要那么多现金，希望要股份，他只是希望有为自己干活的感觉。老板不置可否，说要考虑考虑，后来就没有了下文。

他辞职了，一个人跑到圆明园附近一个显得有些荒凉的地方，租了一间盖着石棉瓦的小屋，一切跟起步阶段一样，心里踏实之后，又再次走进了中关村电脑市场。

那时候的中关村电脑市场可以说是利润诱人，一台13000元的电脑，纯利润可以达到3000元。后来他回忆说："2001年，一台5000元的电脑，经销商很可能只有50元左右的利润，甚至干脆一分钱不挣，以便靠增加销量从总经销商那里多拿提成，所以电脑经销商做得很辛苦，有时候还吃力不讨好。而1993年就完全不是这么回事了。"

吕秋实一出手就开市大吉，当年就赚了50万元，第二年赚了将近100万元。当外部条件变得对公司越来越有利时，吕秋实与伙伴之间的合作却出现了巨大的裂痕，合作伙伴另立门户，从合作者变成了竞争者，好在没有对公司造成致命的打击。吕秋实马上把姐姐和姐夫从外地接来加入公司。一家人齐心合力，共同奋斗，1995年，他们挣了200万元。

财富突然像流水一样汹涌而至，这使吕秋实在自信之余也有些意外。不过他很快适应了这种大进大出的经营模式。

1996年，吕秋实个人资产已经将近1000万元。

在这个时候，他做出了惊人的决定，放下生意去美国哥伦比亚大学的沃顿商学院攻读工商管理硕士。第二年，他又开始了自己的事业，后来他开了一家服装公司，在当地有不小的市场份额。

投资就是这样，起初吕秋实也只投了很少的一部分钱，后来变得越来越多。也正如一些知名的企业家说的，有些财富今天是你的，明天就不一定是你的。与其把钱放在你的口袋里，不如拿出来投资，建立厂房，建立营销网，只有这样，才能使财富不断增值。报喜鸟集团董事长吴志泽说："不要把企业作为赚钱的机器，做企业说大点，是为社会多做贡献；说小点，是实现个人梦想。人最重要的是有所为，有所不为。"正是这些与众不同的思想，让他们白手起家，最终成为各个行业的领头羊。如果你有志成为像他们一样的人，也必须有一种与众不同的财富经营思想。

从心理上先改变

"心有多大，舞台就有多大。"要想成功，首先必须从心理上发生改变。

井底有一只小青蛙，对生活充满了好奇。

小青蛙问："妈妈，我们头顶上蓝蓝的、白白的，是什么东西？"

妈妈回答说："是天空和白云，孩子。"

小青蛙说："白云大吗？天空高吗？"

妈妈说："前辈们都说云有井口那么大，天比井口要高很多。"

小青蛙说："妈妈，我想出去看看，看看它们到底有多大多高？"

妈妈说："孩子，你千万不能有这种念头。"

小青蛙说："为什么？"

妈妈说："前辈们都说跳不出去的。就凭我们这点本事，世世代代就只能在井里待着。"

小青蛙有些不甘心地说："可是前辈们没有试过吗？"

妈妈说："别说傻话了。前辈们那么有经验，而且一代又一代传下来，怎么可能会有错？"

小青蛙低着头说："知道了。"

自此以后，小青蛙不再有跳出井口的想法。

小青蛙的悲剧就在于它最后"不再有跳出井口的想法"。只有你的心中怀着广阔的蓝天，你才能跳出在低层次徘徊的人生之井，如果连跳出井口的愿望都没有，那么，此后就只能坐在井底了。

约翰·洛克菲勒小的时候，全家过着不安定的日子，一次又一次地被迫搬家，历尽艰辛横跨纽约州的南部。可他们却有一种步步上升的良好感觉，镇子一个比一个大，一个比一个繁华，也一个比一个更给人以希望。

1854年，15岁的洛克菲勒来到克利夫兰的中心中学读书，这是克利夫兰最好的一所中学。据他的同学后来回忆说："他是个用功的学生，严肃认真、沉默寡言，从来不大声说话，也不喜欢打打闹闹。"

不管有多孤僻，洛克菲勒一直有他自己的朋友圈子。他有个好朋友，名叫马克·汉纳，后来成为铁路、矿业和银行三方面的大实业家，当上了美国参议员。

洛克菲勒和马克·汉纳，两个后来写进了美国历史的大人物，在全班几十个同学中能结为知己，不能说出于偶然。美国历史学家们承认，他们两人的天赋都与众不同，一定是受了对方的吸引，才走到一起的。

表面木讷的洛克菲勒，其内心的精明远远超过了他的同龄人。汉纳是个饶舌的小家伙，通常是他说个不停，而洛克菲勒则是他忠实的听众。应当承认，汉纳口才不错，关于赚钱的许多想法也和洛克菲勒不谋而合，只是汉纳善于表达，而洛克菲勒习惯沉默罢了。有一次，汉纳问他："约翰，你打算今后挣多少钱？"

"10万美元。"洛克菲勒不假思索地说。

汉纳吓了一跳，因为他的目标只是5万美元，而洛克菲勒整整是他的两倍。

当时的美国，拥有一万美元就已够得上富人的称号，可以买下几座小型工厂和500英亩以上的土地。而在克利夫兰，拥有5万美元资产的富豪屈指可数。洛克菲勒开口就是10万美元，瞧他轻描淡写的模样，仿佛10万美元只是一个小小的开端。

当时同学们都嘲笑这个开口就是10万美元的家伙有些狂妄，殊不知，不久的将来，洛克菲勒真的做到了，而且不是几万，是数以亿计！

在洛克菲勒的心中，他就将自己的财富定位在很高的位置上。最终，他也获得了比别人高出亿万倍的财富。

在现实社会中，不论是谁，都可以经营一间十几平方米的小铺子，但只有真正的成功者，才能依靠自己的聪明和智慧，把小铺子变成世人皆知的大企业，才能使他的企业影响世界上的每一个人。

要想致富，我们不仅仅要关注成功者的口袋，更应该关注他的脑袋，看看他都往自己的脑袋里装了些什么东西。

我们不要把目光全盯在口袋上，而是应该放在自己的脑袋上，即便一旦自己的脑袋富有了，那么我们口袋的富有就是时间问题了。只有我们的脑袋富有了,才能真正地驾驭财富,而不被财富所伤。

穷和富,首先是脑袋的距离,然后才是口袋的距离。因此,必须弥补脑袋的距离,从心理上做出改变,才能够致富。

雅虎的创始人杨致远说:"当时没有人认为雅虎会成功,更没有人认为会赚钱,他们总是说,你们为什么要搞那个东西——实际上,即使一件事情理论上已经行得通了,它也不一定能成功,而如果你认为很难成功也一定还要做的时候,你差不多就成功了。"是的,如果这是你真正想做的事情,那你就要去做,即使认为很难成功也要去做,这样做并不需要太多的理由,只是因为你愿意。在这个世界上,有一些事情,做或者不做都没有谁会逼你,你没有必要去选择可能性很小的那条路,除非你愿意。

你愿意去改变自己的心理,像成功者一样,你也可以成功。如果你愿意,你就要义无反顾地去做;如果你愿意,你就不要在乎别人怎么看你。做你愿意做的事情,别人说你我行我素也好,别人说你固执己见也好,不要因为别人的议论而改变自己的决定!

成功者的心理就应该是这样的!

假使你觉得自己前途无望,觉得周遭的一切都很黑暗惨淡,那么你可以立刻转过身来,朝向另一方面,朝向那希望与期待的阳光,而将黑暗的阴影甩在背后。

克服一切甘于平庸的思想、疑惧的思想,从你的心扉中,撕下一切不愉快的、黑暗的图画,挂上光明的、愉快的图画。

现在，就开始改变

放在古代，一个人若想求取功名，如果他连考场都不敢进，功名就永远不可能降临。同样，一个人若想成为人人羡慕的成功人士，如果不思改变现状，那财富也永远不可能降临到他头上。因此，要成为成功人士，必须寻求改变。

人都有一种思想和生活的习惯，就是害怕环境改变和自己的思想出现变化；人们喜欢做经常做的事情，不喜欢做需要自己变化的事情。所以，很多时候，我们没有抓住机会，并不是因为我们没有能力，也不是因为我们不愿意抓住机会，而是因为我们恐惧改变。**人一旦形成了思维定式，就会习惯顺着固定的思维模式思考问题，不愿也不会转个方向、换个角度想问题，这是很多人的一种愚顽的"难治之症"。**比如说，你看魔术表演，不是魔术师有什么特别高明之处，而是我们的思维停留在自己的认知范围内，想不开，想不到。让一个工程师辞职去开一个餐厅，让一位教师去下海创业，其大概率是不愿意接受的，因为他们害怕改变原来的生活和工作的状态。如果能够勇敢地面对变化，便在很大程度上超越了自己，便很容易获得成功。

勇敢地接受变化，常常走向成功。

在生活中，我们总是经年累月地按照一种既定的模式运行，从未尝试走别的路，这就容易衍生出消极逃避、疲沓乏味之感。所以，不换思路，生活也就乏味；而一旦走出了思维定式，也许可以看到许多别样的人生风景，甚至可以创造新的奇迹。因此，从舞剑可以悟到书法之道，从模仿飞鸟可以造出飞机，从蝙蝠可以联想到电波，从苹果落地发现万有引力……常爬山的应该去涉水，常跳高的应该去打打球，常划船的应该去驾驾车。换个位置，换个角度，换个思路，寻求改变，你才能跳出舒适圈，才有可能成功。

布兰妮是一位普通的美国妇女，她先后生了两个女儿，仅靠老实的丈夫在一家工厂做工所得的微薄工资维持生计，一家四口的生活甚是拮据。

贫苦的生活使布兰妮倍感失望，她觉得前途渺茫。经过深思熟虑后，她决定自己动手，改善家庭经济困难的现状。这时，一个偶然的机会撞上门来。一天傍晚，丈夫邀了几位朋友到家里来玩，布兰妮去准备晚餐。其实，朋友来玩是丈夫虚晃一枪，请朋友品尝布兰妮做的菜肴才是真正目的。

布兰妮确实有很好的烹饪技术，但丈夫事先没交代有朋友来吃饭，时间匆促，来不及做什么准备，布兰妮只好随便做了几道家常菜。但就是这几道家常菜，使丈夫的朋友们吃得赞不绝口。有个朋友心直口快，对布兰妮说："你的烹饪技术和星级厨师不相上下，开家餐馆，顾客一定会很多。"其他的朋友也都随声附和。

布兰妮听了朋友的夸奖，心里自然高兴。但她觉得马上就去开一家餐馆，从自己的技术方面考虑，条件是具备了，但要租店面、添设备，这些资金一时难以筹到。她想到开餐馆的这两个条件只具备其中之一，认为时机还未成熟。这时，她看到朋友们的谈兴正浓，便想去做一些点心送上桌，再给他们助助兴，于是又下厨房去了。

不一会儿，布兰妮端上点心，朋友们先闻着香味，再品尝到味道，又是一阵叫好。于是又有朋友说："你就先开家小吃店，专卖这种点心，保证能赚钱。"布兰妮说："我是想开个小店卖点心，就在家里做，只要早晨在门口出个摊位就行了。"

这样，布兰妮便每天早晨出摊卖起自己做的点心。她决定，一次只做10斤面粉的点心。由于她做的点心色、香、味俱全，早上摆出去，采取薄利多销的策略，很快就卖完了。到后来，一些熟客来迟了，见没有了点心，还会到她家里来寻找，往往把她留下给自家人吃的点心都买走了。

一个月下来，布兰妮卖点心所赚到的钱比丈夫的工资要高出三倍多。布兰妮觉得，卖这种点心虽然赚钱，但仅能帮助解决早餐的问题，若是作为一种商品在更大地域范围内销售，没有品牌，这就困难了。于是，她开始寻找新产品。

几个月后，她在一家书店发现了一本新出的《糕点精选》，其中有一则醒目的广告，是宣传全麦面包的。据广告上说，这是一种富含维生素的保健食品，不管男女老幼吃了都有好处。作者指出，由于过去对这种糕点的制作方法过于粗糙，导致成品面包色泽变黑，很长时间没能在社会上推广开来。现在，已经开发出一种新的制作方法，使做出来的面包不仅有丰富的营养，同时色、香、味俱全。布兰妮越看心里越高兴，她还看到这种糕点是用全麦面粉和精面粉各自调和后压成薄片，再分层相叠折成卷，叫"千层卷"。这一制作面包的新方法，已经获得专利，专利权所有者正在寻找合作伙伴。

布兰妮看完广告，觉得这才是自己创业的机会。因为这种"千层卷"水分低，既便于长期保存，又符合人们在美食和保健两方面的需要，投放市场必受顾客欢迎。布兰妮心里想："我一定要抓住这个走向成功的机会。"

布兰妮用抵押房屋的钱先买下做这种新式面包的专利使用权和一些必要的设备，余下一部分钱作为流动资金。她将自己开的面包店起名为"棕色浆果烤炉"。

此后布兰妮用了十几年的时间,便把一个家庭式小面包店,发展成为一家具有现代化设备的大企业,每年的营业额由3万多美元,增长到400多万美元,布兰妮也跻身于成功人士之列。

如果不寻求改变,布兰妮和她的家人也许一辈子就只能徘徊于贫穷的边缘,平庸一生。因此,贫穷并不可怕,关键在于你是否有改变的欲望。

你是否在做一件事情的时候,问过自己:"我做过的事情,是否让我自己满意?"如果目前你所做的事情、你所处的位置连你自己都不满意,那说明你没有达到卓越。既然你还没有达到卓越,那为什么不寻求改变呢?

许多亿万富翁都经历过贫困的童年生活,他们为自己低下的社会地位感到屈辱,他们渴望像富有的人一样拥有财富、摆脱贫困,再也不想一无所有。"像成功人士一样努力,我也行",正是他们强烈的渴望帮他们走上了富裕的道路。

他们不满足于现状,他们遭受了无数挫折,却最终获得数以亿万计的财富。这对你同样适用。你对自己目前的状况并不是很满意,你也没有必要为自己的不满意感到羞愧,相反,这种不满能够产生很强的激励作用。别人能做到的,你也能做到!我们不该害怕公开讨论自己的不满足,渴望更好的状况是完全合理的。你深深珍惜的梦想是你的一部分,那些成功人士的实践是你需要借鉴的宝典。所以,要坚信自己能像他们一样干得好,那么你便开始起航吧,让成功人士的榜样为你的行动提供动力!

如果一个人满足于给别人打工,那么,他永远只能是一个打工仔。

要想摆脱这种局面，必须改变你自己。

　　年轻时的李嘉诚在一家塑胶公司业绩优秀，步步高升，前途光明，如果是一般人，也就心满意足了。

　　然而，此时的李嘉诚，虽然年纪很轻，但通过自己不懈的努力，在他所经历的各行各业中，都有一种如鱼得水之感。他觉得这个世界在他面前已小了许多，他渴望到更广阔的世界里去闯荡一番，渴望能够拥有自己的企业，闯出自己的天下。

　　李嘉诚不再满足于现状，也不愿意享受安逸的生活。于是，正干得顺利的他，再一次跳槽，重新投入竞争的洪流，以自己的聪明才智，开始了新的人生搏击。

　　老板见挽留不住李嘉诚，并未指责他"不记栽培器重之恩"，反而约李嘉诚到酒楼，设宴为他饯行，令李嘉诚十分感动。

　　席间，李嘉诚不好意思再隐瞒，老老实实地向老板坦白了自己的计划："我离开你的塑胶公司，是打算自己也办一家塑胶厂，我难免会使用在你手下学到的技术，也大概会开发一些同样的产品。现在塑胶厂遍地开花，我不这样做，别人也会这样做的。不过我绝不会把客户带走，不会向你的客户销售我的产品，我会另外开辟销售线路。"

　　李嘉诚怀着愧疚之情离开塑胶公司——他不得不走这一步，要赚大钱，只有靠自己创业。这是他人生中的一次重大转折，他从此迈上了充满艰辛与希望的创业之路。

　　正是要改变现状的强烈愿望改变了李嘉诚的一生。

　　你是否有改变自己的强烈愿望，你是否有做成功者的雄心壮志？
　　一定要成功。你的愿望有多么强烈，就能爆发出多大的力量；愿望有多大，就能克服多大的困难。你完全可以挖掘生命中巨大的能量，激发成功的欲望，因为欲望是成功的原动力，欲望即力量。

既然只有改变才能成功，那就赶快行动吧。你改变的愿望越强烈，改变的能量就越大。

第 3 章
重建财富逻辑：
脑袋决定口袋，财商决定财富

财商决定财富

在竞争激烈的现代社会，财商已经成为一个人获得成功的必备能力，财商的高低在一定程度上决定了一个人拥有财富的多少。一个拥有高财商的人，即使他现在陷入困境，那也只是暂时的，他必将走向成功；相反，一个低财商的人，即使他现在很有钱，终究也会坐吃山空，他终将把财富挥霍一空。

那么财商到底是什么呢？如果说智商是衡量一个人思考问题的能力，情商是衡量一个人控制情感的能力，那么财商就是衡量一个人创造财富的能力。财商并不在于你能赚多少钱，而在于你能创造多少财富，用你的本金带来持续稳定的收益，以及你能使这些财富维持多久。这就是财商的定义。财商高的人，并不需要付出多大的努力，财富会为他们努力工作，所以他们可以花很多时间去干自己喜欢干的事情。

简单地说，财商就是人作为经济人，在现在这个经济社会里的生存能力，是一个人判断怎样才能挣钱的敏锐性，是会计、投资、市场营销和法律等各方面能力的综合。《富爸爸穷爸爸》作者罗伯特·清崎认为："财商不是你赚了多少钱，而是你有多少钱，钱为你工作的努力程度，以及你的钱能维持几代。"他认为，要想在财务上变得更安全，人们除了具备当雇员和自由职业者的能力之外，还应该同时学会做企业主和投资者。如果一个人能够充当几种不同的角色，他就会感到很安全，即使目前他的钱很少。他所要做的就是等待机会来运用他的知识，然后赚到钱。

财商与你挣多少钱没有关系，财商是测算你能留住多少钱，以及让这些钱为你工作多久的指标。随着年龄的增大，如果你的钱能够不断地给你换回更多的自由、幸福、健康和人生选择的话，那么就意味着你的财商在增加。财商的高低与智力水平并没有必然的关系。

在现实生活中，不乏智力水平超群的人。他们的智力比一般人的智力高得多，通常在大学里属优等生，能轻松拿到硕士、博士学位，且能够成为某一学科或专业中的专家、高级人才。应当承认，这些学有专长的天才与财商高的人站在一起比较智力时，前者会超出后者。

然而，我们又不能不承认，在创造财富方面，智力超群的"天才"的确不及智力水平一般的"富翁"。富翁并非智力超群者，他们中的绝大多数人在智力水平上与普通人相比是差不多的。他们所想到的创富点子，说穿了一点都不稀奇，似乎任何人都能够想到。可是，一般人往往对近在眼前的财富视而不见，而他们的财富头脑却偏偏能在稍纵即逝的瞬间灵光闪现，并把那些机遇牢牢抓住。

他们是靠什么创造财富呢？靠的是"财商"。

越战期间，好莱坞举行过一次募捐晚会，由于当时反战情绪强烈，募捐晚会以一美元的收获收场，创下好莱坞的一个最低金额纪录。不过，在晚会上，一个叫卡塞尔的小伙子却一举成名，他是苏富比拍卖行的拍卖师，那一美元就是他用智慧募集到的。

当时，卡塞尔让大家在晚会上选一位最漂亮的姑娘，然后由他来拍卖这位姑娘的一个亲吻，由此，他募到了难得的一美元。当好莱坞把这一美元寄往越南前线时，美国各大报纸都进行了报道。

由此，德国的某猎头公司发现了卡塞尔。其认为，卡塞尔是棵摇钱树，谁能运用他的头脑，必将财源滚滚。于是，猎头公司建议日渐衰微的奥格斯堡啤酒厂重金聘卡塞尔为顾问。1972年，卡塞尔移居德国，受聘于奥格斯堡啤酒厂。他果然不负众望，开发了美容啤酒和浴用啤酒，从而使奥格斯堡啤酒厂一夜之间成为全世界销量最大的啤酒厂。1990年，卡塞尔以德国政府顾问的身份主持拆除柏林墙，这一次，他使柏林墙的每一块砖以收藏品的形式进入了世界上200多万个家庭和公司，创造了城墙砖售价的世界之最。

1998年，卡塞尔返回美国。下飞机时，拉斯维加斯正上演一出拳击喜剧，泰森咬掉了霍利菲尔德的半块耳朵。出人预料的是，第二天，欧洲和美国的许多超市出现了"霍氏耳朵"巧克力，其生产厂家正是卡塞尔所属的特尔尼公司。卡塞尔虽因霍利菲尔德的起诉输掉了盈利额的80%，然而，他天才的商业洞察力却给他赢来年薪1000万美元的身价。

21世纪到来的那一天，卡塞尔应休斯敦大学校长曼海姆的邀请，回母校做创业演讲。演讲会上，一位学生向他提问："卡塞尔先生，您能在我单腿站立的时间里，把您创业的精髓告诉我吗？"那位学生正准备抬起一只脚，卡塞尔就答复完毕："**生意场上，无论买卖大小，出卖的都是智慧。**"

其实，卡塞尔所说的智慧就是财商。

由以上的故事中我们可以得出，财商具有以下两种作用：

第一，财商可以为自己带来财富。提高财商，锻炼自己的财商思维，掌握科学的致富方法，就是为了使自己在创造财富的过程中，少走弯路，尽快成为富翁。一旦拥有了财商的头脑，想不富都难。

第二，财商可以助自己实现理想。现在，在市场经济大潮的冲击下，许多人纷纷创业，都想创造出更多价值，却又囿于旧思想、旧传统，找不到致富之门。财商理念就犹如开启财富之门的金钥匙，用财商为自己创富，就可以实现自己的理想。

有的人天生就有赚钱的脑子，生意上八面玲珑，如鱼得水。有的人则显得迟钝缓慢，处处受挫，对自己赚钱的能力产生了极大的怀疑，也就是他对自己的财商失去了信心。抱怨自己天生就没有足够的财商是没有道理的。一个人的财商不是天生就有的，财商的高低，也就是一个人的财商指数，它取决于一个人在成功前吃了多少苦，以及精明的思考和接受教育的积累程度。

首先应该学习成功者的思维方式

《塔木德》中有这样一句话："要想变得富有，你就必须向富人学习。在富人堆里即使站上一会儿，也会闻到富人的气息。"能否在创造财富的道路上取得成功，不在于文凭的高低，也不在于现有职位的高低，很关键的一点就在于你是遵循穷思维还是富思维。

爱思考的人不一定是一个富人，但富人一定是一个善于思考的人，因为思考是让一切做出改变的开始。

有的人肯付出力气，但却不舍得动自己的大脑，认为思考是一件很痛苦的事情或者是自己没有能力去做的事情。因为不善于思考，所以就不能做出改变，所以就无法创造更多的财富。

思维是一切竞争的核心，因为它不仅会催生出创意，指导工作实践，更会在根本上决定成功。它意味着改变外界事物的原动力，如果你希望改变自己的状况，那么首先要做的是，**改变自己的思维**。

甘于平庸的人，不仅仅是因为没有钱，而在于根本就缺乏一个敢于创新的头脑。创造财富的人，不仅仅因为他们手里拥有很多可以支配的资产，而是他们拥有一个发现创新机会的头脑。

有这样一个故事，说的就是财富和头脑的关系。

有一个百万富翁和一个穷人在一起，那个穷人见富人生活舒适且惬意，于是对富人说："我愿意在您府上为您干活三年，我不要一分钱，只要让我吃饱饭，并且有地方睡觉就行。"

富人觉得这真是少有的好事，立即答应了这个穷人的请求。三年期满后，穷人离开了富人的家，从此不知去向。

10年过去了，昔日的那个穷人，竟然已变得非常富有，以前的那个富人和他相比之下，反而显得有些寒酸。于是富人向昔日的穷人提出：愿意出10万块钱，买下他变得这么富有的秘诀。

昔日的那个穷人听了之后，哈哈大笑地说："过去我是用从你这里学到的经验赚钱，而今天你又要用钱买我的经验，真是好玩啊！"

原来那个穷人用了三年时间，学到了如何致富的秘诀，于是他赚到了很多钱，变得比那个富人还有钱。那个富人也明白了，这个穷人比他富有的原因，是因为穷人的经验已经比他多了。为了让自己拥有更多的财富，他只好掏钱购买昔日自己流传出去的经验。

只要学着像成功人士一样思考，你就会得到他们拥有财富的秘诀。

香港领带大王曾宪梓就是转变思维方式的典型。

在商业竞争十分激烈的香港，曾宪梓正是因为独辟蹊径，抓住生产高档领带这个商机，才取得了事业上的成功。曾宪梓出生于广东梅县的一个农民家庭，从小生活极其艰苦，家中经济困难，无钱支付学费，从中学到大学的学费全靠国家发给的助学金。他1961年毕业于广州中山大学生物系，1963年5月去了泰国，1968年回到香港。在这段时间，他的处境甚为艰难，甚至给人当过保姆。一有空闲他就抓紧时间阅读有关企业管理方面的书籍，向一些内行人请教经营的基本常识和技巧，他还注意研究香港工商业及市场情况。经过长期的琢磨思考，有一天终于从市场的"缝隙"中找到了发展的机遇：香港服装业发达，400多万香港人中，很多人有好几套西装。香港曾有一句比较流行的话，"着西装，捡烟头"，捡烟头的人都穿西装，可见西装之普遍。可曾宪梓发现，在香港没有一家像样的生产高档领带的工厂，于是他决定开设领带厂。

曾宪梓在决定办领带厂后，遇到了一系列想象不到的困难。

最初，他从消费者的价格承受能力考虑，准备生产大众化的、低档次领带，试图以便宜的价格来吸引顾客，领带的批发价低至58元一打，减除成本38元，还可以赚20元。可惜，现实却偏偏出乎他的意料，买主拼命压价，利润所剩无几，尽管这样，领带还是不容易销售，一度经营不顺。

他吸取了产品销售"受阻"的教训，决定尝试生产高档领带。他用剩下的钱，到名牌商场买了几条颇受顾客欢迎的高级领带。买回后逐一"解剖"，研究它们的制造工艺。他根据样品，另外制作了几条领带，并将"复制品"与原装货一起交给行家鉴别，结果以假乱真，行家也无法识别。这样一来，进一步坚定了他生产高级领带的想法。

他立即借了一笔钱，购买了一批高级布料，赶做了许多领带。岂料，经销商因怀疑产品质量而不从他这里进货，造成产品积压。

曾宪梓想，别人不买我的货，主要是不认可这些货，如果将它们放在高档商店的显著位置，就会引起别人的注意，可能会打开销路。他把自己缝制的几条领带寄存在当时位于旺角的瑞星百货公司内，要求陈列在比较显眼的位置,供顾客选择。功夫不负有心人,他的领带受到广泛好评,随后销量大增,曾宪梓也因此而一举成功。

人的一生之中,大部分成就都会受制于各种各样的问题,因此,在解决这些问题的时候,你首先要改变思维,然后问题才能够得到解决,事业才能够得到发展。

约翰的母亲不幸辞世,给他和哥哥约瑟留下了一个小杂货店。微薄的资金,简陋的小店,靠着出售一些制作简单的罐头和汽水之类的食品,一年节俭经营下来,收入微乎其微。

他们不甘心这种穷困的状况,一直探索发财的机会,有一天约瑟问弟弟:"为什么同样的商店,有的人赚钱,有的人赔钱呢?"

约翰回答:"我觉得是经营有问题,如果经营得好,小本生意也可以赚钱。"

可是经营的诀窍在哪里呢?

于是他们决定到周围的村镇看看。有一天他们来到一家很小的便利商店,奇怪的是,这家店铺顾客盈门,生意非常好。

这引起了兄弟二人的注意,他们走到商店的旁边,看到门外有一张醒目的红色告示:"凡来本店购物的顾客,请把小票保存起来,年终可免费换领小票金额5%的商品。"

他们把这份告示看了几遍后,终于明白这家店铺生意兴隆的原因了,原来顾客就是看中了那每年消费额5%的年终免费购物。他们一下子兴奋了起来。

他们回到自己的店铺,立即贴上了醒目的告示:"本店从即日起,全部商品降价5%,并保证我们的商品是全市最低价,如有卖贵的,可到本店找回差价,并有奖励。"

就这样,他们的商店也出现了购物狂潮,他们乘胜追击,在这座城市连开了十几家店铺,占据了几条主要的街道。从此,凭借这"偷"来的经营秘诀,他们兄弟的店迅速扩张,财富也迅速增长,兄弟俩成为知名的企业家。

一个人能否成功,决定权掌握在自己手中。思维既可以作为武器,打败阻碍财富增长的敌人,也能作为利器,开创一片属于自己的未来。如果你改变了自己的思维方式,像成功人士一样思考,你的视野就会无比开阔,最终走向成功。

要学会赚钱而不是攒钱

许多人总是认为钱放在银行是最安全的,没有任何风险,其实这种认识是不够全面的,储蓄虽然是较为安全的一种理财方式,但在储蓄的过程中的确存在着操作上的风险和通货膨胀风险。

一般说来,风险是指在一定条件下和一定时期内可能发生的各种结果的变动程度。风险的大小随时间延续而变化,是"一定时期内"的风险,而时间越长,不确定性越大,发生风险的可能性就越大。所以,存款的期限越长,其利率也就越高,这是对风险的回报和补偿。

银行存款有以下风险:

1. 通货膨胀的风险

鉴于通货膨胀对家庭理财影响很大,我们有必要对通货膨胀有更多的了解。通货膨胀主要有两种类型,一种是成本推进型,一种是需求拉动型。如果工资普遍大幅度提高，或者原材料价格涨价，就会发生成本推进型通货膨胀；如果社会投资需求和消费需求过旺，就会发生需求拉动型通货膨胀。

通货膨胀产生的原因主要包括：

（1）隐性通货膨胀转变为显性通货膨胀。许多国家为了保持国内物价的稳定，忽视了商品比价正常变动的规律，实行对某些企业和消费对象发放财政补贴的政策。正是这种补贴，使原有价格得以维持，否则在正常情况下，这些商品的价格早已上涨了。一旦取消补贴，或把补贴转化为企业收入和职工收入，物价势必上涨，隐性通货膨胀就转化为显性通货膨胀。

（2）结构性通货膨胀。由于政策、资源、分配结构和市场等原因，一个时期内，某类产业某些部门片面发展，而另外的产业和部门比较落后，供给短缺。经过一段时间，只要条件改变，落后部门的产品价格势必上涨，由此带来整个物价水平的上升。

（3）垄断性通货膨胀。有些国家的经济中，如果存在某些部门、地区的社会性力量比较强大，对别的部门、地区有压倒性优势，则易于形成垄断性价格，并使价格居高不下乃至上升，构成垄断性通货膨胀。

（4）财政性货币增发造成通货膨胀。一般情况下，经济发展就需要每年增加一定的货币投放量，以满足流通和收入增长的需要。但是如果增发的货币不是由于经济增长和发展的需要，而是由于国家存在庞大的财政赤字，用增发货币来弥补赤字，则被称作财政性的货币增发，必然带来通货膨胀。

（5）工资物价轮番上涨型通货膨胀。物价上涨使工薪阶层的实际工资降低，这就需要增加工资以弥补实际收入的减少，如果采取了增发工资的政策，将导致通货膨胀的再攀高。

在存款期间，由于储蓄存款有利息，会使居民的货币总额增加，但同时，由于通货膨胀的影响，单位货币贬值而使货币的购买力下降。在通货膨胀期间，购买力风险对于投资者相当重要。如果通货膨胀率超过了存款的利率，那么居民就会产生购买力的净损失，这时存款的实际利率为负数，存款就会发生资产的净损失。一般说来，预期报酬率会上升的资产，其购买力风险低于报酬率固定的资产。例如房地产、短期债券、普通股等资产受通货膨胀的影响比较小，而收益长期固定的存款等受到的影响较大。前者适合作为抵御通货膨胀的投资工具。

通货膨胀是一种常见的经济现象，它的存在必然使理财者承担风险。因此，我们应当具有规避风险的意识。

2. 利率变动的风险

利率风险是指由于利率变动而使存款本息遭受损失的可能性。银行计算定期存款的利息，是按照存入日的定期存款利率计算的，因为利息不随利率调整而发生变化，所以应该不存在利率风险的问题。但如果有一笔款项，在降息之后转存的话，相比降息之前，就相当于损失了一笔利息，这种由于利率下降而可能使储户遭受的损失，我们也把它称为利率风险。这是因为错过良好的存款机会而带来的损失，所以也称之为机会成本损失。

3. 变现的风险

变现风险是指在紧急情况下需要资金的时候，你的资金要变现而发生损失的可能性。在未来的某一时刻，发生突发事件急需用钱是谁都难以避免的。或者即使你预料到未来某一时刻需要花钱，但也可能会因为时间的提前而使你防不胜防。这时，你的资产就可能面临变现的风险，要么你选择不提前支取，要么你就会被迫损失一部分利息。

例如，如果你有一笔一年期的定期存款，在存到九个月的时候急需提取，那么你提前支取的时候就只能按照银行挂牌当日活期存款的利率获取利息，你存了九个月的利息就泡汤了。

风险是投资过程中必然产生的现象，趋利避险是人类的天性，也是投资者的心愿。投资者总是希望在最低甚至无风险的条件下获取最高收益，但实际上两者是不可兼得的。储户在选择储蓄的时候，只能在收益一定的情况下，尽可能地降低风险；或者是在风险一定的情况下使收益最大。

4. 银行违约的风险

违约风险是指银行无法按时支付存款的利息和偿还本金的风险。

银行违约风险中最常见的是流动性风险，它是导致银行倒闭的重要原因之一。个别银行资产结构不合理、资金积压过于严重或出现严重亏损等，就会发生流动性风险。一旦发生流动性风险，储户不能及时提取到期的存款，就会对银行发生信任危机，进而导致众多储户竞相挤兑，最后导致银行破产。

一般来说，国家为维持经济和社会的稳定，不会轻易让一家银行处于破产的境地，但这并非完全排除了银行破产的可能性。如果银行自身经营混乱，效益低下，呆坏账比例过高，银行也可能破产。一旦发生银行倒闭事件，居民存款的本息都会受到威胁。1998年6月21日，海南发展银行在海南的141个网点和其广州分行的网点全都关门，成为新中国成立以来第一家破产的银行。

海南发展银行成立于1995年8月18日，它是在当时的富南、蜀光等五家省内信托投资公司合并改组基础上建立起来的，47家股东单位中海南省政府为相对控股的最大股东，总股本10.7亿元。

1997年底，海南发展银行已发展到110亿元的资产规模，累计从外省融资80亿元，各项存款余额40亿元，并在两年多时间里培养了一大批素质较高的银行业务骨干。但从1997年12月开始，海南发展银行兼并了28家资产质量堪忧的信用社，使自身资产总规模达到230亿元，从而给海南发展银行带来灭顶之灾。到1998年4月份，海南发展银行已不能正常兑付，因此规定每个户头每天只能取2万元，不久又降为每天5000元，到6月19日的兑付限额已经下降到100元，最终使海南发展银行走向了不归路。

海南发展银行的破产为中国银行业敲响了警钟，同时也为广大储户上了生动的一课。虽然海南发展银行最后由中国工商银行接管并对其储户进行兑付，但储户所遭受的信用风险是实实在在的。

学会从不同角度看世界

成功者和失败者最显著的差异之一就是，他们眼中的世界是不同的。失败者总是看到一个成功机会渺茫的世界，这种观点反映在他们的谈话中："你觉得钱长在树上吗？""你觉得我在印钞票吗？"而在成功者的眼中则是一个截然不同的世界，他们能看到一个有很多机会的世界。这一观点同样表现在他们的话语中，比如："不要担心钱的问题，如果我们把自己的事做好，我们自然会走向成功。""不要以没本钱为借口，而不去争取我们想要的东西。"

在罗伯特小时候，富爸爸在教他的一堂课上说："一般只有两种金钱问题，一种是钱太少，另一种是钱太多。你想碰到哪种问题呢？"大多数人都面临着资金太少这个问题。罗伯特所拥有的优势是，他来自两个家庭，这样罗伯特就可以感受到两种金钱问题，并且相信这两点都是问题。穷爸爸有缺钱的问题,富爸爸则是钱太多而产生的问题。

富爸爸对这种奇怪的现象是这样评论的:"有些人通过继承遗产、中彩票或去拉斯维加斯赌博而一下子暴富,而后又突然一贫如洗,这是因为他们从心理上认为只存在一个金钱匮乏的世界。所以,他们很快会失去已经到手的财富,然后回到他们熟悉的金钱匮乏的世界中去。"

改变"这个世界是个金钱匮乏的世界"的观念曾是罗伯特个人奋斗的目标之一。从很早的时候起,富爸爸就让他清醒地认识一旦涉及金钱、工作和致富的问题时,到底应该怎样想。富爸爸确信有些人之所以贫穷,是因为他们只知道一个到处缺钱的世界。富爸爸说:"**你有什么样的金钱观念,你就会有什么样的金钱现状。直到你改变了金钱观念,你才能改变你的金钱现状。**"

富爸爸就自己所看到的不同观念所带来的不同情况,以及有些人财富匮乏的原因做了概述:

你做事情时需要的安全保障越多,你在生活中的稀缺就会越多。

在你一生中,你越是竞争,例如,在学校为成绩而竞争,在单位为工作、为晋升而竞争,你就会感到有明显的提升。

一个人越想得到更丰富的物质,就越需要技能,就更需要创新精神和合作精神。有创新精神的人通常有很好的财务和业务技能;有合作精神的人,通常能为自己不断地增加财富。

罗伯特可以看到他的两个爸爸的不同态度,他的亲生父亲即穷爸爸,总是叮嘱他做事要寻求保障和安全;富爸爸则鼓励罗伯特,要提高理财技能和创新能力,创造一个丰富的物质世界而不是一个贫乏的物质世界。

在讨论"金钱匮乏的世界"这个问题时,富爸爸拿出一枚硬币说:"当一个人说'我负担不起'的时候,这个人只看到了硬币的一面。当你说'我怎样才能付得起'的时候,你就已经开始看到硬币的另一面了。问题是,虽然有些人看到了事物的另一面,但他们只以眼睛去看它,而不用脑子去进行深层次的思考。这就是为什么有些人只看到成功人士表面上做的事,而不知道他们真正在想什么。若你真心想看到事物的另一面,你就必须要知道富人脑子里真正在想什么。"

中大奖的人几年后往往会将钱财挥霍一空,罗伯特问富爸爸这是怎么回事?他回答道:"一个人突然拥有很多钱,而后破产,是因为他们仍然只看到了事物的一面。也就是说,他们仍沿用过去一贯的方式来管理财富,这就是为什么他们苦苦奋斗但依然没有成功的最基本原因。他们只看到了一个金钱匮乏的世界,认为最安全的做法莫过于把钱放在自己的口袋里。而能看到事物另一面的人,就会让这笔意外之财安全并迅速地增值。他们之所以能做到这点,就是因为他们看到了现实的另一面,在那一面是个充满财富机会的世界。他们能用他们的钱产生出更多的财富,从而变得更加富有。"

后来,富爸爸退休了,将他的公司全部交给了他的儿子迈克,之后他找罗伯特小聚了一次。会面时,他给罗伯特看了一份3900万美元现金的银行报表。罗伯特吃惊地吸了口气,富爸爸说:"其实这仅仅是在一个银行里的。我现在退休了,因为我要全心全意地去做自己的事,我将把这些钱从银行里取出来,并把它们投入到更有效益的投资中去。我想说的是,这是我自己的专职工作,而且每年我都将使它变得更富有挑战性。"

会面结束了,富爸爸说:"我花了多年心血培养迈克去管理这个能产生出更多财富的机器。现在我退休了，由他来管理这个机器。我能放心地退休，是因为迈克不仅懂得怎样经营这个机器，而且**如果出了毛病，他还知道怎样去修理它**。一些富家子弟之所以会赔掉他们父母留下的钱，是因为他们虽然在宽裕的环境中成长，但他们从来没有真正地学会怎样去建造一个产生财富机器，也不知道如果它坏了该怎样去修理它。实际上，正是这些富家子弟破坏了这个产生财富机器。他们本身成长在富足的世界里，却从来不知道要进入这个世界该怎么做。现在你就有机会用我的建议转变自己并进入富有的世界。"

每当缺少资金的恐惧与焦虑在人们的五脏六腑翻腾，并且这感觉越来越强烈时，我们就要按照富爸爸的方法进行练习，我们要对自己说："世上有两种金钱问题。一种是钱太少的问题，另一种是钱太多的问题。你选择哪一种？"我们会在脑海里不断地问自己，同时也要更精确地把握这个世界。

我们是不是那种不从事实出发、一厢情愿做事的人，是不是爱草率行事的固执的人？我们这样问自己是为了与自己本身固有的金钱观念做斗争。一旦平静下来，我们会命令自己去寻找解决问题的办法。出路可能是寻找新的答案、找新的理财顾问或参加一个自己不擅长领域的培训班。与自己内心深处的恐慌做斗争的主要目的，是为了使我们能够平静下来，然后继续前行。

富爸爸教我们选择不同角度去看两个世界：钱太少的世界和钱太多的世界。富爸爸坚信，钱少时有个财务计划与钱多时有个财务计划是同等重要的。他说："如果你钱多时没有计划，那么你就会失去所有的钱，回到没有钱的世界中去，这是90%的人都熟悉的世界，应学会正确地面对这个世界。"

让财富为自己工作

很多人总是被动地适应工作,他们认为工作的目的只是为了获得工资,为了养家糊口。他们为工作所累,身体和思想被金钱拴在工作这架沉重的机器上,成了工作的"奴隶"。甚至连那些富有才华的人也同样如此,他们绝大多数并没有实现财富自由。

这是为什么呢?有才华的打工者在思索,世界许多经济学者也在研究。罗伯特的《富爸爸穷爸爸》一书,通过对穷人和富人的各方面对比,告诉了人们答案。

第一,信息时代的到来,使财富的形式从农耕时代的土地、工业时代的不动产变为今天的知识、信息、网络,财富让观念陈旧的人看不到它的影子,更不用说利用新的观念去致富了。

第二,很多人追求职业保障而非财务保障。例如,看到别人下海致富了,一些人说:"我很满意我现在的状况。"另一些人说:"我对我的位置不满意,但是我现在不想改变或者转换领域。"他们还在固执地认为目前的职务可以给他带来生活保障,下海有巨大风险,为自己工作不如为别人工作安全。

第三,很多人不懂建立自己的财务系统的好处,而成功人士让资产为自己工作。他们懂得控制支出,致力于获得或积累资产。

当我们明白了财务紧张的原因之后,我们可以得出一个结论:**很多人为工资收入而工作。**

与此恰恰相反,成功人士从不为了钱而工作,而是让财富为自己工作。世界上到处都有精明伶俐、才华横溢、受过良好教育并且很有天赋的人，然而遗憾的是，真正能够很好地利用才华的人总是少数，很可能是灵光闪现的一瞬间，彻底地改变一个人的财富命运。

在《富爸爸穷爸爸》一书中，罗伯特从美国商业海洋学院毕业了。他受过良好教育的穷爸爸十分高兴，因为加州标准石油公司已经录用他，让他到运油船队工作。他是一位三副，比起他的同班同学，他的工资不算很高，但作为他离开大学之后的第一份真正的工作，也还算不错。他的工资是一年4.2万美元，而且他一年只需工作七个月，余下的五个月是假期。如果他愿意的话，可不休那五个月的假期而去一家附属船舶运输公司工作，这样做能使年收入翻一番。

尽管有一个很好的工作等着他，但他还是在六个月后辞职离开了这家公司，加入海军陆战队去学习飞行。对此他受过良好教育的穷爸爸非常伤心，而富爸爸则赞赏他做出的决定。

"对许多知识，你只需要知道一点就足够了。"这是富爸爸的建议。

当罗伯特放弃在标准石油公司收入丰厚的工作时，他受过良好教育的穷爸爸和他进行了推心置腹的交流。他非常惊讶并且难以理解罗伯特为什么要辞去这样一份工作：收入高、福利待遇好、闲暇时间长，还有升迁的机会。穷爸爸一晚上都在问他："你为什么要放弃呢？"罗伯特没法向穷爸爸解释清楚，他的逻辑与穷爸爸不一样。最大的问题就在于此，他的逻辑和富爸爸的逻辑是一致的。

对于受过良好教育的穷爸爸来说，稳定的工作就是一切。而对于富爸爸来说，不断学习才是一切。

1973年从越南回国后，他离开了军队，尽管他仍然热爱飞行，但他在军队中学习的目标已经达到。他在施乐公司找了一份推销员的工作，加盟施乐公司是有目的的，不过不是为了物质利益，而是为了锻炼自己的才干。他是一个腼腆的人，对他而言，营销是世界上最令人害怕的课程，但施乐公司拥有美国最好的营销培训项目。

富爸爸为他感到自豪，而受到良好教育的穷爸爸则为他感到羞愧。作为知识分子，穷爸爸认为推销员低人一等。罗伯特在施乐公司工作了四年，直到他不再为吃闭门羹而发怵。当他稳居销售业绩榜前五名时，他辞去了工作，又一次放弃了不错的工作和一家优秀的公司。

1977年，罗伯特组建了自己的第一家公司。富爸爸教过迈克和他怎样管理公司，现在他就得学着应用这些知识了。他的第一种产品是带背带的尼龙钱包，在东亚地区生产，然后装船运到纽约的仓库。他的正式教育已经完成，现在是他单飞的时候了。如果他失败了，他将会破产。富爸爸认为，如果要经历破产，最好是在30岁以前，富爸爸的看法是"这样你还有时间东山再起"。就在他30岁生日前夜，那些钱包第一次装船驶离韩国前往纽约。

直到很多年后，罗伯特仍然在做国际贸易，就像富爸爸鼓励他去做的那样，罗伯特一直在寻找新兴国家的商机。他的投资公司在南美、亚洲、挪威和俄罗斯等地都有业务。

有一句古老的格言说："工作的意义就是比破产强一点。"不幸的是，这句话确实适用于千百万人，因为学校没把财商看作是一种智慧，大部分职场人士都"按照他们的方式活着"，这种方式就是：干活挣钱，支付账单。

在西方国家，还有另外一种管理理论："工人付出最高限度的努力以避免被解雇，而雇主提供最低限度的工资以防止工人辞职。"如果你看一看大部分公司的支付额度，你就会明白这一说法确实道出了某种程度的真相。

结果是大部分工人从不敢越雷池一步，他们按照别人教他们的那样去做，得到一份稳定的工作。很多人为工资和短期福利而工作。

相反，罗伯特劝告年轻人在寻找工作时要看看能从中学到什么，而不是只看能挣到多少。在选择某种特定的职业之前或者在陷入为生计而忙碌工作的状态之前，要仔细看看脚下的道路，弄清楚自己到底需要获得什么技能。不论你选择了什么工作，都不要忘记培养自己成为工作的主人，让财富为自己工作。

明天的钱今天用

有一则很富有哲理的小故事。

一个中国老太太和一个美国老太太在离开人世之前进行了一段对话。中国老太太说："我攒了一辈子的钱终于买了一套好房子，但是现在我马上要离开人世了。"而美国老太太则说："我终于在离开人世之前把房贷还清，但幸运的是我一辈子都住在好房子里。"

初看这个故事，它只是反映了东西方人不同的消费观念。但再进一步挖掘，其中蕴含了一个深刻的哲理，即要善于把自己明天（未来）的钱转移到今天用。过平常生活要如此，经商创业更是如此，这也是现代创富理念的重要内涵。

就一般人而言，在创业之初都缺乏资金，但这并不意味着他今后一直没有资金。这主要取决于他对自己未来事业的信心和个人成功的基本素质与条件。只要他个人有信心创业致富，个人有良好的素质和条件，那么他未来就肯定能成为一个成功人士。既然他未来是成功人士，那么就可以把未来的财富挪到今天使用。

中国的改革开放 40 多年来，人们的观念发生了翻天覆地的变化，尤其是在财商理念的熏陶之下，在我国掀起了一股理财的热潮。

赵先生经商数年，虽然算不上是家财万贯，也略有积蓄。他刚刚在市郊购买了一套百余平方米的高档住宅。房子有了，交通却成问题了。于是赵先生打算买一辆车，公私两用。可谈到买车，赵先生却犹豫了。赵先生一直青睐奥迪的轿车，价格合理，售后服务也不错，现在也不用加价提车了。赵先生只是拿不准应该一次性付款，还是应该贷款买车，于是他向两位好友——大刘和小魏咨询。

大刘说："赵哥，我劝你一次性付款。方便省事，一手交钱，一手提车，当天就可以搞定。贷款还有利息，你又不是拿不出那十几万块钱，你说对不？"赵先生听完，连连点头称是。

可死党小魏一听大刘这话，一个劲儿地直晃脑袋："不对不对，绝对不对。赵哥，车只会越用越旧，价值在降低，这就是说买车不是投资，不会增值。应该贷款买车，把省下来的钱拿去投资股票、债券，只要投资得当，没准贷款没还完，车钱就能先赚回来了呢。"听了这番话，赵先生认为也很有道理。

于是，赵先生就自己算了算，车价、新车购置税、牌照费用、保险费用，共计是 290323 元。

如果首付 30%，分三年按揭，首付 128095 元，每月还款本金 5052 元，利息 439 元，合计 5491 元。三年共计还款 325771 元。如果首付 30%，分 5 年按揭，则首付 144731 元，月还本金 3031 元，利息 449 元，合计 3480 元。5 年共计还款 353531 元（首付款＝汽车价格×首付百分比＋车辆购置税＋保险费用＋牌照费用）。

现在我们看到，同样一辆新车，贷款购车（三年按揭）比一次性付款要累计多交 35448 元，而首付则可减少 162228 元。换句话说，赵先生如果选择贷款购车，要在三年内用这 162228 元，净赚到 35448 元以上，即年收益率在 7.28% 以上，才有利可图。当然，这么说是不算三年汽车折旧费的。如果你对于高风险投资自认很在行，不妨贷款购车，用省下来的钱去投资；如果你觉得这钱在手里的收益达不到这么高，那还是一次性付款更划算。

贷款买车是常见的购车方式。它是指购车人使用贷款人发放的汽车消费贷款购车，然后分期向贷款人偿还贷款。

在美国，80%~85%的消费者都是通过汽车贷款购车。在中国，易车研究调研数据显示，54.6%的消费者有主动贷款购车的意愿。可见，贷款买车是一种大众十分乐于接受的购车方式。对于中国大部分家庭来说，贷款购车、分期还款的方式，降低了汽车消费门槛，圆了他们的汽车梦。对于汽车企业来说，贷款购车极大地刺激了百姓的汽车消费热情。这其实是一种把明天的钱放在今天用的消费方式。

善用别人的钱

很多人觉得手头资金比较少的主要原因，就是只知道花自己的钱，他们将积攒的钱存在银行，要用钱的时候就到银行取钱，他们很少想到用别人的钱来消费或做生意。而成功者则认为善用别人的钱赚钱，是获得财富的好方法。

威廉·尼克松说："百万富翁几乎都是负债累累。"

富兰克林在 1748 年《给年轻企业家的遗言》中说："钱是多产的，

自然生生不息。钱生钱，利滚利。"

所谓"用别人的钱"是正当、诚实的，绝不违背道德良知。同时，要给予别人适当的回馈。

诚信是无可替代的，缺乏诚信的人，即使花言巧语，也会被人识破。使用别人的钱，首重诚信。诚信是所有事业成功的基础。

银行是你的朋友。银行的主要业务是贷款，把钱借给诚信的人，以赚取利息；借出愈多，获利愈大。银行是你的朋友，它想要帮助你，比任何人更急于见到你成功。

加州的威尔·杰克是百万富翁。起初他身无分文，后来外出工作才有了一些积蓄。每个周末威尔会定期到银行存款，其中一位柜员注意到他，觉得这个人非常讲诚信。

威尔决定创业，从事棉花生意，那位银行工作人员给他办理了贷款。这是威尔第一次使用别人的钱。一年半之后，他改为买卖马和骡子，过了几年，累积了许多的经验。

有一次，两个保险公司的业务员来找他。两个人都是优秀的保险业务员，业绩非常好，他们用推销保险的收入，自己开公司，却经营不善，只好把公司转卖给别人。

很多销售人员以为只要业绩好，企业就能获得利，这是错误的观念。不当的管理会让利润消失殆尽。他们的问题正是如此，两个人都不懂企业管理。

他们找到威尔，说出自己失败的教训。"我们的公司没有了，推销保险至今所赚取的佣金都缴了学费。如今生活都很困难。"

"我们对于推销工作非常在行，应该尽量发挥我们的长处。你具有专业的知识和经验，我们需要你，大家共同合作，一定会成功。"

几年之后，威尔买下他和那两位推销员共同创立的公司全部股份，他怎么有这么多钱？当然是向银行借钱。威尔向加州银行贷款，银行乐于把钱贷给像威尔一样有诚信的人。

资金困难时，借钱是明智之举。但是，借钱的同时必须考虑到自己的实力、信用，提出切合实际的要求，才不会被拒绝。

看着别人赚钱容易，而自己一创业却会失败，这是许多不敢创业的人的心理状态。想要成功创业就一定要克服这种畏惧心理，找到一条风险小又容易成功的道路。

用"别人的钱"去弥补资金不足的方法，比用现金的方法所赚的钱要多得多。用"别人的钱"的缺点是，你要承担更大的风险。

把死钱变成活钱

"存钱防老"，是很多人一贯的思想。在成功人士的观念里面，"有钱不要过丰年头"，与其把钱放在银行里，靠利息来补贴生活费，养成一种依赖性而失去了冒险奋斗的精神，不如活用这些钱，将其拿出来投资更有收益的项目。

成功者认为，要想捕捉金钱，收获财富，使钱生钱，就得学会让死钱变活钱。千万不可把钱闲置起来，学会用积蓄去投资，使钱像羊群一样，不断繁殖和增多。

富商凯尔资产上亿美元，然而他却很少把钱存进银行，而是将大部分现金放在保险库。

一次，一位在银行有几百万存款的日本商人向他请教这一令他疑惑不解的问题。

"凯尔先生，对我来说，如果没有储蓄，生活等于失去了保障。你有那么多钱，却不存进银行，这为什么呢？"

"有些人认为储蓄是生活上的安全保障，储蓄的钱越多，则在心理上的安全保障程度越高，如此积累下去，永远没有满足的一天。这样，岂不是把有用的钱全都束之高阁，把自己赚大钱的机会白白浪费了，并且自己的经商才能也无从发挥了吗？你想想，哪有省吃俭用一辈子，光靠利息而实现财富自由的？"凯尔答道。

日本商人虽然无法反驳，但心里总觉得有点不服气，反问道："你的意思是反对储蓄了？"

"当然不是彻头彻尾地反对，"凯尔解释道，"我反对的是，把储蓄当成嗜好，而忘记了等钱储蓄到一定规模的时候把它提出来，再活用这些钱，使它能赚到比银行利息更多的钱。我还反在对银行里的钱越存越多时，便靠利息来生活。这就养成了依赖性，而失去了商人必有的冒险精神。"

凯尔的话很有道理，财富只有进入流通领域，才能发挥它的作用。因为躺在银行里的钱，其增值速度是比较慢的。

这是一门财富管理科学，它表明做生意要合理地使用资金，要千方百计地加快资金周转率。

普利策出生于匈牙利，17岁时到美国谋生。开始时，他在美国军队服役，退伍后开始创业。经过观察和考虑后，他决定从报业着手。

为了筹集资金，他靠打工积累本钱。为了从实践中摸索经验，他到圣路易斯的一家报社,向该社老板应聘一份记者的工作。开始老板对他不屑一顾,拒绝了他的请求。但普利策反复自我介绍和请求,言谈中老板发觉他机敏聪慧,勉强答应留下他当记者,但有个条件,半薪试用一年后再定去留。

普利策为了实现目标,忍耐老板的刁难,全身心地投入到工作之中。他勤于采访,认真学习和了解报社各个环节的工作,晚上不断学习写作及法律知识。他写的文章和报道不但生动、真实,而且规范性强,吸引广大读者。面对普利策创造的巨大利润,老板高兴地将他转为正式工,第二年提升他为高级记者。普利策也开始有点积蓄。

通过几年的工作,普利策对报社的运营情况有所了解。于是他用自己的积蓄买下一间濒临歇业的报馆,开始创办自己的报纸——《圣路易斯邮报快讯报》。

普利策自办报纸后,资本严重不足,但他很快就渡过了难关。19世纪末,美国经济迅速发展,很多企业为了加强竞争,不惜投入巨资搞宣传广告。普利策盯着这个焦点,把自己的报纸办成以传递经济信息为主的媒体,加强广告部,承接多种多样的广告。他利用客户预交的广告费使报纸正常出版发行,他的报纸发行量越多,广告也就越多,他的收入进入良性循环。没过几年,他成为美国报业的巨头。

普利策靠打工攒下工资,然后再利用这些钱进行投资,使财富一刻不闲地滚动起来,发挥更大作用。这就是"不做存款"和"有钱不置半年闲"的体现,是成功经商的诀窍。

美国通用汽车制造公司赫特说:"在私人公司里,追求利润并不是主要目的,重要的是把手中的资金如何用活。"

对这个道理,许多善于理财的公司老板都明白但并没有真正地利用好。往往公司略有盈余，他们便开始胆怯，不敢像创业时那样敢做敢说，总怕到手的财富因投资失败而失去，赶快存到银行，以备应急之用。虽然确保资金安全乃是人们心中合理的想法，但是在当今飞速发展、竞争激烈的经济形势下，资金应该用来扩大生产，使钱变成"活"钱，来获得更高的收益。这些钱完全可以用来购置房产、店铺，以增加自己的固定资产，到十年以后回头再看，会发现比存银行要更能实现增值，你才会明白"活"钱的威力。

商业是不断增值的过程，所以要让钱不停地滚动起来，成功者的经营原则是：没有的时候就借，等你开始盈利时就可以慢慢还钱，不敢借钱就会错过投资良机。

第 4 章
活用财富定律：
超级富豪都在用的黄金法则

内卷化效应：不断创新，避免原地踏步

多年前，一位记者到某地采访一个放羊的男孩，留下一段经典对话。

记者："为什么要放羊？"

男孩："为了卖钱。"

记者："卖钱做什么？"

男孩："娶媳妇。"

记者："娶媳妇做什么呢？"

男孩："生孩子。"

记者："孩子长大干什么？"

男孩："放羊。"

这段对话对"内卷化"现象进行了深刻的解释。

"内卷化效应"的概念被广泛应用到政治、经济、社会、文化及其他学术研究中。"内卷化"并不深奥，观察我们的现实生活，"内卷化"现象比比皆是。比如，在世界上很多偏远地区，有的农民仍然过着"一亩地一头牛，老婆孩子热炕头"的农耕生活。再如，一些家族企业中，管理措施和办法因循守旧，重要岗位总是安排亲戚把守，管理哲学是"打仗亲兄弟，上阵父子兵"，用自己的人放心。于是，在企业内部，人情重于能力，关系重于业绩，外部的新鲜空气难以吹进来，优秀的人才也吸引不进来。几年过去了，厂房依旧，机器依旧，规模依旧，各方面都没有多大变化。

思想观念的故步自封，使得打破"内卷化模式"的第一道关卡就变得非常困难。整天忙碌的人们，虽然没有站在黄土地上守着羊群，但在思想上是否就比那个放羊的男孩高明呢？他们怨天尤人或者安于现状，对职业没有定念，对前途缺乏信心，工作结束就是生活，生活过后接着工作，对"内卷化"听之任之，人生从此停滞不前。

我们身边随处可以看到陷入"内卷化"泥沼的人：老张当了一辈子普通职员，眼看着身边的人一个一个都升迁了，心里酸溜溜的，非常难受；作家老李，20岁出头就以一个短篇小说获得了全国性大奖，但是20多年过去了，他不再有有影响力的作品问世，而和他同时起步的同行已成了全国知名作家；老王，技工一做15年，同辈人已升任高级技工和生产专家，他却还是普通技工……

同样的环境和条件，有的人几年一个台阶，无论是专业能力还是岗位，都晋升很快，而另一些人却原地不动，多少年过去了仍然在原地踏步。为什么会出现这种现象？人为什么会陷入"内卷化"？

分析个人"内卷化"的情况，根本出发点在于思想。如果一个人认为一生只能如此，那么他的人生基本上不会再有改变，生活也充满自怨自艾；如果一个人相信自己能有一番作为，并付诸行动，那么他便可能走向成功。

"内卷化"的结果是可怕的。大到社会，小到企业，微观到个人，一旦陷入这种状态，就如同车入泥潭，原地踏步，裹足不前，无谓地耗费着有限的资源，浪费着宝贵的人生。它会让人在一个层面上无休止地内缠、内耗、内旋，既没有突破式增长，也没有渐进式积累，让人陷入一种恶性循环之中。

生活陷入"内卷化"的人迫切需要改变观念，那些成功人士也要更新理念，否则"内卷化"的后果会更严重。为什么有些人一辈子只能做一个小老板？并非他们不想做大做强，而是思想观念停滞在小老板的层面。小老板需要精明，而企业家不仅需要精明，更需要气度和格局。现实中，一些企业一夜之间轰然崩塌，其中一个主要原因就是企业管理者的思想观念停在原地，面对国际化接轨、现代化生产的趋势，这些企业的管理者还在用落后思想进行管理。在市场中竞争如同逆水行舟，不进则退，如果陷入内卷，倒闭是早晚的事。

比较优势原理：把优势发挥到极致

饶春毕业于北京外国语大学英语专业，在一家外资公司任部门经理助理，月薪8000元。年轻靓丽的她，毕业两年里换了几份工作，但不外乎助理、秘书、文员、前台等。最近，她又辞职了，报名参加茶艺师培训，决心做个茶艺师。很多朋友不理解，放着好好的白领不当，辞职去学什么茶艺？可饶春自有一番道理。"说是白领，可每天干的活不外乎跑腿、帮经理写英文邮件、打字、接待客人等，凡有个大学文凭的人都能干。跳槽呢，最多挪个窝继续做助理，学不到一技之长。我一晃就要奔30岁了，还不知道自己的核心竞争力在哪儿。"

生活忙忙碌碌，找不到出路，为何不选一种自己想要的生活呢？饶春准备学了茶艺之后，利用自己的英文特长，向外国友人介绍中国的茶文化，她要在茶艺世界里找到属于自己的天地。

"8000元的薪水说高不高、说低不低，工作也没什么挑战性，每天原地踏步，知识一点点被'折旧'。与其他白领相比，我的英语水平不算高，但在茶艺行业里，这就是我的优势。"饶春说，"找到自己的优势，就特别容易获得发展，能够建立自己的核心竞争力。"

任何优势都是建立在比较基础上的，都是相对的，没有比较，优势就无从谈起。在国际贸易中有个重要的经济学理论——比较优势理论，这个理论的定义是，如果一个国家在本国生产一种产品的机会成本（用其他产品来衡量）低于在其他国家生产该产品的机会成本，则这个国家在生产该种产品上就拥有比较优势。

与比较优势相对应的一个概念是绝对优势。比如，甲和乙两个人，甲比乙会理财，那么，甲在理财方面相对于乙有绝对优势；A国的彩电制造技术比B国强，A国在彩电制造上相对于B国有绝对优势。比较优势和绝对优势是否决定了人与人之间的分工关系或者国与国之间的贸易关系呢？我们进行如下分析：

甲比乙会理财，在这两个人中当然是甲来理财；A国比B国更会生产彩电，当然是A国向B国出口彩电。但进一步推敲就会发现这个推论并不一定成立。甲比乙会理财，但甲比乙更会推销产品，在这个团队中谁来理财，谁来营销？答案是为了团队的总体利益，甲只能忍痛割爱，将账本留给乙。乙虽然不如甲会理财，但乙推销产品的能力更差。将账本给乙，能够为甲腾出时间去搞推销。在这个团队中，甲的比较优势是营销，而乙的比较优势是理财。人与人之间的分工合作关系建立在比较优势之上，而不是绝对优势之上。

为什么会出现这样的结果？这种分配的前提是人的时间和精力是有限的。尽管甲各个方面都比乙强，但甲不可能一个人承担所有的任务。因为如果甲选择什么都自己做，受时间的限制，甲的收益会少于和乙合作所得的份额。同样道理，尽管A国在彩电生产上相对于B国有绝对优势，但在电脑生产上的绝对优势更大，那么A、B两国贸易中会是A国向B国出口电脑，B国向A国出口彩电。两国的贸易关系是建立在比较优势而不是绝对优势的基础上的。

比较优势原理告诉我们,对一个各方面都强大的国家或个人而言,聪明的做法不是仰仗强势,处处逞能,而是**将有限的时间、精力和资源用在自己最擅长的地方**。反之,一个各方面都处于弱势的国家或个人也不必自怨自艾,抱怨自己的先天不足。要知道,"强者"的资源也是有限的,为了它自身的利益,"强者"必定留出地盘给"弱者"。

个人从动态比较优势入手,合理分配时间和精力,可以增加职业生涯发展的"资产"。

如何获得这些资产?有计划地把收入中的一部分以自我投资的形式消费。具体讲就是,把看似是支出的那一部分钱投入到对自己的各种形式的培训上。培训的内容应该首要考虑自己的专业和工作领域,因为这更容易使自己建立核心竞争力,从而在职场上拥有竞争优势。

蜕皮效应:勇于挑战,不断超越

有一个生活潦倒的销售员,每天都埋怨自己"怀才不遇",认为是命运在捉弄他。圣诞节前夕,家家户户张灯结彩,充满节日的热闹气氛。他坐在公园的一张椅子上,开始回顾往事。去年的今天,他孤单一人,以醉酒度过了圣诞节,没有新衣服,没有新鞋子,更别谈新车了。

"唉!今年我又要穿着这双旧鞋度过圣诞了!"说着他准备脱掉脚上的旧鞋。

这个时候,他看见一个年轻人拄着拐杖走过,他立即醒悟:"我有鞋子穿是多么幸福！他连穿鞋的机会都没有啊！"

经过这次顿悟，这位推销员"蜕掉"了自己萎靡不振的一层"皮"，从此脱胎换骨，发愤图强。不久，他就因为销售成绩显著而得到加薪。后来，他开办了自己的销售公司，并成了百万富翁。

蛇只有经过一次次蜕皮才能够成长。同样，人也必须经历挫折，才能够进步。墨守成规、满足现状只会导致故步自封，最终安于平淡。成功者永远是不安分的，因为他们不会停止前进的脚步，每时每刻都在追求更高、更强、更好的目标。

许多节肢动物和爬行动物在生长期间会定期蜕皮，蜕掉旧的表皮，再慢慢长出新的表皮。通常，每蜕皮一次，这些动物就长大一些。等到蜕皮几次之后，这些动物就基本成熟，获得了完全依赖自己生活的能力，可以自己保护自己了。

蜕皮是一个痛苦的过程。把原有的皮蜕掉本身就是疼痛难忍的，在新皮长出来之前，往往还要面临着行动不便、无法捕食的危险，甚至无法抵御天敌的侵袭。因此，每一次蜕皮，都是一次生与死的考验。但是经过蜕皮的痛苦过程之后，换来的是新生，是更强壮、更成熟的生命。这就是"蜕皮效应"：**满足现状，只会故步自封，只有超越自己，才能不断成长。**

爱迪生研究电灯时，工作难度非常大，成百上千种材料被他制作成各种形状的灯丝，效果都不理想，要么寿命太短，要么成本太高，要么太脆弱，工人难以把它装进灯泡。纽约一家报纸说："爱迪生的失败现在已经完全证实。这个感情冲动的家伙从去年秋天开始就研究电灯，他以为这是一个完全新颖的问题，他自信已经获得别人没有想到的用电发光的办法。可是,纽约的著名电学家们都相信,爱迪生的路走错了。"

爱迪生不为所动,继续自己的实验。英国皇家邮政局的电机师普利斯在公开演讲中质疑爱迪生,他认为把电流分到千家万户,用电表来计量,是一种幻想。当时,人们用煤气灯照明,煤气公司竭力说服人们,爱迪生是个大骗子,就连很多科学家都认为爱迪生在想入非非。有人说:"不管爱迪生有多少电灯,只要有一只寿命超过20分钟,我情愿付100美元,有多少买多少。"有人说:"这样的灯,即使弄出来,我们也用不起。"爱迪生毫不动摇,在进行这项研究一年之后,他终于造出了能够持续照明45小时的电灯。

即便反对声如潮,爱迪生还是不为所动,坚持自己的研究发明。经过不懈地坚持和努力,爱迪生不但促成了自己的蜕变,牢牢地树立了自己在世人心中的发明家形象,而且促成了人类生活方式的一次大变革。也正是因为他的这项发明,人类进入了电力照明时代。

对自己或对工作不满的人,首先要把自己想象成理想中的自己,并且拥有极好的工作机会,再采取行动。如果耐心地进行这种自我改造,就能发挥个性中本就具有的强大的精神力量,使自己和工作按照理想的样子发生改变,从而取得成功。

一条蛇如果不舍得蜕去原有的皮,那么它永远也长不大,只会被淘汰;一个庞大的企业,如果领导者不知改进,员工也墨守成规、不思进取,那么这个企业也必定会逐渐衰退;一个人即使目前工作很不错,眼前的事情都能应付得来,但如果不追求进步,终有一天会被自己的工作抛弃。

不要幻想着我们可以永远保持目前的状况。**满足于现状的心态是**

我们成功路上最大的障碍。满足于现状会使人变得没有信心，认为创造、革新或者成功都与自己没有关系。如果你满足于现状，那么可能会把注意力放在一些微不足道的地方，不关心创新的机会，埋没了本可以发挥的才华。千万不要满足于现状，因为这样会使你的才能被自己的惰性埋没掉。

人的才华是没有极限的，唯一的限制来自我们自身！蜕掉旧的皮，这样才有长大的空间，这样才能获得新的生命力！只有超越了自己，才能够不断进步，最终超越别人。不要自我设限，要不断制订更高的目标，这样才能每天都有所进步！

72 法则：找对时机，让资产翻倍

2005年王先生30岁，在年初的时候他投入10万元为自己建立了一个退休养老账户，这个账户每年的投资回报率是9%，那么他的养老账户的增值情况如下表所示。

年龄	30岁	38岁	46岁	54岁	62岁
账户资产	10万	20万	40万	80万	160万

为什么会得出这样一个结论呢？这样的账户资产是怎么计算出来的呢？从这个表中，我们可以看出一个规律：每8年王先生的账户资产就会翻一番，而9%的投资回报率去掉百分号后，与账户资产翻番的年限乘积永远都是72，也就是说，用72除以投资回报率分子之后的数据大概就是账户资产翻番的年限。这就是经济学中的72法则。

通过运用72法则，我们可以计算出王先生的账户每8年会翻一番：72/9 = 8（年）。由此我们可以看出，在王先生62岁的时候，他的养老账户已经增值到160万元，比最初的投入增值16倍。如果王先生到38岁（晚8年）才建立自己的养老金账户，那么到62岁时，王先生的账户只有80万元，前后有80万元的差别！因此，投资应该尽早，这样我们才可以在同样的年纪收获更多的财富。

如果是以1%的复利来计息，经过72年以后，你的本金就会变成原来的一倍。这个公式具有很强的实用性，例如，利用5%年化收益率的投资工具，经过14.4年（72/5）本金就会变成原来的一倍；利用12%的投资工具，则只要6年左右（72/12），就能让本金翻番。

如果你手中有100万元，运用了收益率15%的投资工具，你可以很快知道，经过约4.8年，你的100万元就会变成200万元。

虽然利用72法则不像查表计算那么精确，但已经十分接近了，因此当你手中缺少一份复利表时，72法则或许能够帮你不少忙。

72法则同样可以用来算贬值，例如，通货膨胀率是3%，那么72/3=24，24年后一元钱就只能买五毛钱的东西了。

多米诺骨牌效应：莫让一次失败套走你的财富

投资创业几乎是每一位有志者的奋斗目标。刚起步时，我们很容易冲动，总是思考如何让事业持续发展。

然而，调查数据告诉我们，让事业沿着一个方向持续下去是个幻想。那么，如果能够预测经济衰退或经济危机什么时候到来，我们就能及时地撤退，从而避免多米诺骨牌效应的发生。

美国麦金利咨询公司调查显示，20世纪20～30年代，全球500

强企业的平均寿命是65年，到了1960年变成了30年，而到了1990年缩短至15年。而如今，小微企业平均寿命3～5年左右，非小微企业在10年左右。所以，没有做好撤退的准备就开始创业是一件非常冒险的事情。

虽然顺利的撤退对于确保整体利润是非常重要的，但人们很少提起它，大概是因为现实中人们更加关注成功，而避讳失败吧。

在这个充满竞争、高速发展的时代，任何企业都无法永远处于鼎盛状态。所以，明智的创业投资者，从一开始就要研究中止事业时将面临的风险。在此基础上，轻装上阵。

具体来说，要尽可能地做到零库存，要坚持预先付款、现金回收的原则，不要有拖欠的货款；必须严格坚守不签长期租约的原则。

在创业的过程中，客户可能希望你能有库存，也可能提出延长付款周期等各种要求。如果答应了客户的这些要求，就有可能让你的事业背负极大的风险。也有的经营者抱着没有风险就没有收益的想法，认为有增加库存的必要，可是如果所得利润不足以维持库存的话，企业的运转就会崩溃。

迄今为止，大家都认为坚持是良好的品质，而且中途停止事业会使我们对顾客心怀歉意。可是，即使是像证券公司这样的大企业倒闭后，也没有多少顾客会因此烦恼。

事实上，与其说中途停止事业要冒很大的风险，倒不如说，不预测中止时间、不采取相应对策才是最危险的。如果撤退的壁垒已经被升高了，想退都退不了，那你的事业也就走到了终点。

250定律：每一位顾客都是上帝

企业经营者应该重点研究什么呢？

针对这个问题，共同经营一家企业的两兄弟发生了激烈的争论。哥哥认为应该研究竞争对手，了解竞争对手的一举一动，并制订相应的策略；弟弟则认为应该研究内部管理，不断提升内部管理水平，自己强大了，竞争对手就相对弱小了。

两兄弟的观点都有道理，谁也说服不了谁。他们决定去请教他们的父亲。

父亲是经商高手，白手起家创立了兄弟俩现在经营的大型企业集团。"竞争对手当然要研究，知己知彼，百战不殆；内部管理也应该研究，提升管理是企业的一项基础工程。"父亲说，"但这两方面都不是研究的重点，重点应该是消费者。"

"此话如何理解？"兄弟俩问。

"企业经营，如同一幕大戏，你们认为这场戏的主角应该是谁呢？"父亲反问道。

"是竞争双方。"哥哥说。

"企业的经营者。"弟弟说。

"你们都错了。"父亲说，"真正的主角是消费者。无论是竞争的双方，还是企业的经营者，都是导演，而不是演员。导演应该关注的当然是主角——消费者。那种只关心竞争对手，和竞争对手打打杀杀的经营者，等于是把主角晾在一边，自己和竞争对手充当了主角。只关心自己内部管理的经营者，则是在自导自演独角戏，这出戏可能根本就没有人喜欢。"

在这个故事中，父亲的回答，解决了企业经营者"心里应该想着谁、关注谁、研究谁"的问题。

正是从这个角度出发，推销员和演讲家乔·吉拉德总结归纳出250定律。他创造了商品销售最高纪录，被载入《吉尼斯世界纪录大全》，他连续15年成为世界上售出汽车最多的人。他指出，每一位顾客身后大约有250名亲朋好友。那么，如果你能时时刻刻想着现在的顾客，你将不仅和他们同行，不被他们冷落或抛弃，还可能使他们身后的250名亲朋好友成为你的潜在顾客，与你同行。

乔·吉拉德的250定律对人们的营销观念有着革命性影响。通过在工作中对250定律的切身感受，乔·吉拉德认为："**推销活动真正的开始在成交之后，而不是之前。**"

推销是一个连续的过程，成交既是本次推销活动的结束，又是下次推销活动的开始。将250定律反向思考，推销员在成交之后继续关心顾客，既能赢得老客户，又能通过老客户的口口相传，影响其身边亲近的人，从而吸引新客户，使生意越做越大，客户越来越多。

推销成功之后，乔·吉拉德立即将客户及其与购买汽车有关的一切信息，全部记在卡片上。第二天，他会给买过车子的客户寄出一张感谢卡（明信片）。很多推销员不会这样做，所以顾客对感谢卡感到十分新奇，对乔·吉拉德印象特别深刻。

乔·吉拉德说："顾客是我的衣食父母，我每年都要发出13000张明信片，以表示我对他们最真切的感谢。"

乔·吉拉德的顾客每个月都会收到一封来信。这些信都装在一个朴素的信封里，但信封的颜色和大小每次都不同，它们都是乔·吉拉德精心设计的。乔·吉拉德说："不要让这些信看起来像邮寄的宣传品，那样人们连拆都不愿拆，就会直接扔进纸篓里。"

顾客拆开乔·吉拉德写来的信，可以看到一排醒目的字："您是最棒的，我相信您。""谢谢您对我的支持，是您成就了我的生命。"乔·吉拉德每个月都会为顾客发出一封相关的卡片，而顾客都喜欢这种卡片。

乔·吉拉德拥有每一个从他手中买过汽车的顾客的详细档案。当顾客生日那天，会收到这样的贺卡："亲爱的××，生日快乐！"假如是顾客的夫人过生日，同样也会收到乔·吉拉德的贺卡："××夫人，生日快乐。"

正是商品售出后仍与顾客保持联系，乔·吉拉德的生意越做越大。无独有偶，瑞典的卡隆门公司也采取了同样的方法。卡隆门公司本是经营家用电器的一家小公司，经过多年的苦心经营，生意仍不见起色。公司的管理层经过反复思考，最后决定用服务吸引顾客。

卡隆门公司在门口张贴公告：本公司出售的家用电器质量上乘，保证永久免费维修。当时，冰箱和彩电等家用电器在瑞典等西方国家是贵重商品，购置这些价格不菲的商品，人们总担心会有损坏或故障。卡隆门公司保证永久免费维修，消除了顾客的顾虑，所以消费者纷纷光顾。短短几年时间，卡隆门公司迅速发展起来。

卡隆门公司承诺对本公司出售的商品，都可免费维修。1984年11月，一位家庭主妇拿来一个电熨斗，这件商品是该公司1957年出售的，已有27年历史。这位女士本来只是抱着试试看的心理，但没想到，对于这个出了毛病的旧熨斗，卡隆门公司的员工十分热情地给予了修复。熨斗修好后，卡隆门公司的员工礼貌地对那位女士说："太太，你的熨斗修好了，不用付钱。顺便告诉您，这种熨斗已十多年不生产和出售了，现在流行自动的蒸汽熨斗，希望太太下次关照。"几个月后，这位太太又来了，对卡隆门公司说："上次你们修好的熨斗至今尚可以用，你们的信誉真好，但它太老了，我想来你们公司买一个新式的熨斗。"

正是通过这样的服务承诺，顾客渐渐对卡隆门公司产生了好感，卡隆门公司有了更多忠实的消费者。

想要长久地保持住营销链条，就不能得罪任何一个顾客，而且还要向顾客提供优质的售后服务。一方面，这是为顾客着想的体现；另一方面，能让顾客感受到真诚，吸引更多顾客的青睐。

王永庆法则：富翁是省出来的

美国知名公司沃尔玛多次蝉联美国《财富》杂志公布的"世界财富排名 500 强"榜首，但在该公司内部，"节俭"是每个员工日常工作的一部分。如果你没有打印纸，想找秘书要，对方一定会轻描淡写地来一句："地上盒子里有纸，裁一下就行了。"如果你再强调要打印纸，对方一定会回答："我们从来没有专门用来打印的纸，用的都是废报告的背面。"

2001 年沃尔玛中国公司召开年会，与会的来自全国各地的经理级以上代表所住的是普通招待所。沃尔玛的节俭不只是针对员工，企业老总也坚持率先垂范。沃尔玛的创始人山姆尽管是亿万富翁,但他节俭的习惯从未改变。他没购置过一所豪宅,经常开着自己的旧货车进出小镇,每次理发都只花当地理发的最低价,外出时经常和别人同住一个房间。正是这种节约的态度,才使山姆有了今天的成功,使沃尔玛有了今天的地位。

在为汶川地震的捐款中,台塑集团慷慨捐赠1亿元,但台塑总裁王永庆却是出名的"小气鬼"——在多个场合多次强调"节省一元钱等于净赚一元钱"。这就是被业界奉为经典的"王永庆法则"。

据说香港企业家李嘉诚,一次从家中出来,正当秘书为其开车门弯腰欲上车的刹那,不小心从上衣口袋掉出一个硬币。不巧的是,这个硬币正好滚落到路边的井盖下面。于是李嘉诚让秘书通知专人过来掀开井盖,小心翼翼地在井下寻找该硬币。大约10分钟,终于找到了硬币,于是李嘉诚"奖励"这位服务人员100元港币。有人不解,以为"落井"的这枚硬币有特殊意义,其实这就是一枚普通硬币。李嘉诚这样解释:一枚硬币也是财富。100元港币是李嘉诚对获得满意服务支付的报酬。所以说,有钱的人,不是"小气"而是深知金钱的价值。不能浪费每一分钱,但是该花的钱一定要花。

通过这些成功人士的"小气"行为,我们似乎会有这样一种感觉——成功人士都很"小气"。其实,如果从"思路决定财路"的角度来讲,我们与其说成功人士都很"小气",不如说正是因为他们"小气",他们才变得有钱。

布里特定律：要推而广之，先广而告之

当年京剧大师梅兰芳初次到上海演戏，戏院老板在上海一家最有名的报纸的头版做了一个很有创意的广告。第一天，整版上只印出三个字——梅兰芳，这引起了人们的兴趣与推测。第二天，报纸上还是这三个字。好奇者纷纷打电话给报馆，报馆答曰："明日见分晓。"因为广告所造成的神秘感，关注的人越来越多。第三天，整版广告才在"梅兰芳"三字下面刊出一行小字：梅兰芳，京剧名旦，X日假座，XX剧院演出京剧《宇宙锋》《贵妃醉酒》《霸王别姬》。

此广告使市民被吊足了胃口，整个上海的好奇心都被激起来了，大家积极购票，蜂拥而至，都想先睹为快。梅兰芳的演出大获成功。

上面这个故事，是中国广告史上一个经典的案例。中国人有句老话，"酒香不怕巷子深"，认为如果酒酿得好，就是在很深的巷子里，也会有人闻香知味，前来品尝，不会因为巷子深而却步。它可以引申为只要东西或产品很好，哪怕不去做营销推广、广告宣传，消费者也会知道它，并自觉发挥个人积极性、主动性，历尽艰辛地去寻找它。在许多国人的心中，好的产品无须过分地渲染和夸赞。20世纪90年代以前，这种思维左右着企业界和企业家，他们认为只要自己生产出好的产品，消费者就会源源不断而来，这是典型的"产品时代"思维。然而，事实是产品好很重要，但却不是企业取得市场成功的充要条件，如果仅仅认为有了好的产品就不愁没人买，那等待企业的将是市场的冷淡反应。所以，哪怕是像梅兰芳这样久负盛名的京剧艺术家，他的演出也需要别出新裁的广告让广大的百姓知道。

当今社会是一个信息高速传播的时代，以创造利润为目的的商家，怎么会消极地等待一个偶然路过的人来发现呢？深巷中的酒，谁能闻得到？好酒也需要包装和宣传！在市场经济中求生存求发展的企业，特别是中小企业，如果还存在酒香不怕巷子深的观念，必将被淹没在残酷的市场竞争的洪流中。有人称广告是"促进生产的润滑剂"，是"竞争的帮手"，肯定了它在经济建设中的作用。

在市场经济条件下，商品的内在品质十分重要，但是外在的包装和宣传也同样重要。商品宣传的好坏和是否到位，决定了这件商品的知名度与接受度，因此也就与商品的销售情况密切相关。如今，商家要想扩大商品的销量，想要赚取丰厚的利润，就必须用各种办法扩大商品的知名度。广告，无疑在其中扮演了极其重要的角色。俗话说，**货好还得宣传巧**。一则好的广告，能吸引消费者的眼球，刺激消费者的购买欲望。

阿尔巴德定理：抓住顾客需求，才能赚到钱

任何企业在进入一个新市场时，了解顾客的真实需求都是关键环节。只有充分了解顾客的需求、心理等因素，才能有针对性地制订产品价格、销售网络、服务体系等方面的策略。

企业要想在激烈的市场竞争中取得优势，就必须使自己的产品具有竞争力。而企业把握好顾客需求是赢得市场、求得生存的关键因素，只有能最大限度地满足顾客需求的产品才会有市场。

有机构做过统计，《财富》评选的 500 强企业，大约 20 年就有 1/3

从名单中消失了。是什么导致一些企业出现大幅度的起落？为什么有些企业能够保持持续增长，而有些企业却退出历史舞台了呢？其中一个很重要的原因就是没有把握好顾客需求，没有调整好竞争策略。

单纯地强调企业的自我强大，强调如何和对手竞争，强调市场份额，已经不能使自身的竞争力有所提高。竞争格局的变化远比战争格局的变化要丰富得多，胜利也不仅表现在利润指标上，或在市场份额及销售量上胜过对手。战胜对手与创造利润并没有必然的联系，过分强调战胜对手的结果只能把注意力集中到价格上，而忽视了价格的终端，也就是消费者。因此，纵观众多企业战略思维发生的转变，一个很明显的事实是，一些高增长企业几乎不再关心与对手的较量或击败对手，而是紧紧地把握住顾客需求和顾客心理。

随着商品经济日益成熟，市场大，能人多，谁的脑袋都不比别人笨，因而生意场上的各个领域、各个行业，都已经被人开发了，要想找一个未经开发的新行业，比大海捞针还难。因此，发现潜在商机就显得十分宝贵。

潜在的商机在哪里呢？其实，所谓商机就是消费者的需求，只要有需求，就会有商机。如果把市场看成是由一些圆圈组成的话，那么，这些圆圈间必然存在一些"缝隙"，没有被完全包括和覆盖，这些缝隙，就是由消费者需求带来的商机。

每位经商者都希望自己的产品在市场上畅销，但是怎样才能做到呢？方法很简单，就是使它满足消费者的一部分需要。世界上第一台自动书法机诞生的过程或许会给你以启迪。

一天，谷野来到一家百货公司给朋友邮购礼品。按惯例，他应该在礼品盒上写上几句恭敬的语句，但谷野不擅长书法，只好请店员代笔。一位店员小声嘀咕说："我已经卖了100多份礼品了，要是每个都要我们代笔，可够麻烦的！"另一位店员附和着说："是啊，如果有一台自动书法机就好了。"

　　说者无心，听者有意。谷野心头一动，这不是一个很有价值的市场需要吗？谷野调查了十几家百货公司，了解到，日本的礼品市场年销售额达几千亿日元，每个人每年要送几十份礼品，每份礼品都要写上诸如"年贺""御祝""中元"等美好的祝语，而擅长书法的人却寥若晨星，许多商店只好请书法家代写，聘金贵得惊人。谷野估计了一下，如果再加上每年成千上万张贺年卡，那么对书法机的需要将相当可观。不久第一台书法机诞生了，并在市场上一炮打响。

　　可以说，大千世界，尚未开发的市场无时不有、无处不在，各种各样的生财机会很多，关键看商家能否立足市场需求，练就一双敏锐的"市场眼"和观察市场、分析市场的能力。可以这样讲，如果经营者多动脑筋，多一点开拓市场的钻劲，何愁不能把握商机呢？

　　多关心那些看似不起眼的零散信息，往往能带来商机。现代社会是信息社会，大家获取信息的渠道都差不多，精明之人就要广辟信息渠道，发掘并获取最有价值的信息。零散信息便是获取商机的一种重要渠道，它指的是信息的内容尚未经专门机构加工整理就直接作用于人的感觉，如一句"闲话"、一丝"灵感"、一个"点子"等。这种零散信息产生于日常生活之中，流淌于百姓之间，不费一钱一物，因为其非正规、非主流的特性，决定了它不被多数人重视，但实际上它可能产生的价值却不可小视。

　　欧元的流通让温州人大赚了一笔，这听起来有些荒唐，然而事实确实如此！原来欧洲各国使用的纸币的长度比欧元短，加长的欧元放不进欧洲人的旧钱包,所以欧元流通之日,就是欧洲人更换钱包之时,这就带来了挣钱的机会。要不怎么说温州人善于经商呢,从看似与自己毫不相干的事情中抓住了商机。通过钱包生意,让欧洲人的钱进了温州人的钱包。

足见,商机并不难找,只要你能抓住消费者的需求。

第 5 章
激发财富灵感：
小创意，大财富

发掘你的第一桶金

第一桶金是一个人将来迈向辉煌人生的奠基石，只有先掘得人生的第一桶金，才能施展你更大的抱负，才能走向更大的成功。因为任何一个成功者的第一桶金，都浸透着他的智慧与血汗。有了第一桶金，第二桶、第三桶金就会源源不断地来了，这并不仅仅是因为有了资本，也是因为找到了赚钱的方法。这时候的你，哪怕这第一桶金全部失去了，也有十足的信心与能力重新赚回来。

有这样一则故事：吕洞宾看一个乞丐可怜，就在路边捡了一块石头，用手指一点，那块石头就变成了金砖。他将这块金砖递给乞丐，却遭到了乞丐的拒绝。吕洞宾奇怪地问乞丐："你为什么不要金砖？"乞丐回答："我想要你那根点石成金的手指。"第一桶金的意义就在于此，不仅赚了钱，更重要的是找到了赚钱的方法。

赚取第一桶金的过程，实际上就是将普通手指变为点石成金的金手指的过程。**创业成功的人，他的经历和思想本身就是一笔财富，他可能有失败的时候，甚至负债累累，但只要心不死，他还会好起来。**

白手起家的成功者刚开始时和普通人一样，在积累财富和经验的初期，他们或者是打工仔，或者是自由职业者。

新东方创始人俞敏洪并非一开始就是企业家。俞敏洪1984年毕业于北京大学英语系，毕业后留校任教。当时工资每个月120元。他说，他当时唯一的能力就是教英语。1991年底，他开始在一些英语培训学校兼职授课，拼命教书赚钱。一天教6个小时可赚60元，两天就相当于刚开始在北大教课时一个月的工资。次年他辞掉了北大的教职，专职为别人补习英语。"当时目标简单，就想教书赚钱，然后出国读书。"俞敏洪说。但教着教着，他发现了一个商机，那就是想出国的人越来越多，他们都有补习英语的需求。1993年10月，俞敏洪创办了新东方。当时学校员工只有四个人，而学生也只有20来个人。然而新东方很快就发展起来了，它收费很低，且处于高校的聚集地——北京市海淀区，周围有北大、清华、人大、北师大等数十所高校，地理位置得天独厚，再加上他有声有色、带有激情的讲课，吸引了很多学生。1994年和1995年，新东方发展特别快，开始在留学生群体中树立了权威。1995年，从全国各地走进新东方的学员达到了一万多人，俞敏洪编写的《GRE词汇精选》被大学生们称为出国留学考试的"红宝书"，几乎人手一册，俞敏洪获得了成功。随着新东方的迅速发展，俞敏洪开始聘请大量教师和高级管理人员。

创业是一个长期的艰苦过程，不可能在很短的时间内就成功。之所以创业成功的比较少，就是因为难。但是，挖掘第一桶金越是艰难，之后便越容易成功。

对白手起家的创业者来讲，第一桶金也许要五年，第二桶金也许只要三年，第三桶金也许只要一年，甚至更短。因为你已经有了丰富的经验和可利用的资金，就像汽车已经跑起来，速度已经加上来，只需轻轻踩下油门，车就可以高速行驶。

年轻人有的是热情、书本知识，缺少的是经验、资金。而资金恰恰是创业所必需的，所谓初次创业成功就是掘到第一桶金。有了这第一桶金，加之掘金过程中积累的经验，你的创业之路就会步入正轨。那么如何得到这宝贵的第一桶金呢？有各种各样的方法，如凭长辈帮助，或凭平时积累，或凭创业所得。

总之，创业必须先找到适合自己的一块掘金之地。这块地应该具有如下特点：**必须是市场所需要的；你的竞争对手不具备优势或不愿涉足；尚未被大多数人发现。**

掘金之地应从以下几个方面寻找：

第一，**应该从自身的经历找**。以往的学习和工作经历，绝不是时间的简单堆砌，而是智慧的积累和能量的储备。无论是愉快的经历、艰苦的经历，还是漫不经心的经历，都蕴藏着许多可供利用的有价值的东西。如果放着"资源"不去开发利用，这无异于一种浪费。从经历中寻找优势，加以更新提高，你会发现成功并不是想象的那么远。

第二，**从个人的爱好寻找**。每一个人都有自己的爱好与兴趣，如果平时在投身爱好与兴趣的过程中稍加留意近期外面的世界，并将爱好与投资有机结合起来，你就有可能因爱好而有所收获。这样的事例很多，那些IT英雄几乎无一不是电脑"发烧友"，正是这浓厚的兴趣引领他们一步步走向财富殿堂。

第三，**选择投资领域必须与自己的秉性结合起来**。如果你浑身充满创造力，内心热情如火，外表光芒万丈，可考虑投资经营公关公司、自助火锅店、快餐外送等服务业。但如果你天性好静，不愿与别人打交道，那做这一行就是一种折磨，不如自己在家研究股市或债券，会有更多的收获。还有，如果你喜欢精致有品位的生活，那么涉足美容业、精品店、手工艺品专卖店及小型咖啡店，一定能让你一展身手。如果你能时时设身处地为他人着想，那么开一家心理诊所、办一家花店或园艺店正符合你的特点，因为这些行业正好需要你这种特征。

让与众不同的思考为你赚钱

石油大亨约翰·D.洛克菲勒说:"如果你要成功,你应该朝新的道路前进,不要跟随被踩烂了的成功之路。"只有摆脱常人的思维模式,踏出一条新的道路来,你才能在财富之路上异军突起。

罗伯特在大学三年级时便退学了。23岁的他开始在家乡佐治亚州克林夫兰一带销售自己创作的各种款式的"软雕"玩具娃娃,同时在附近的多巨利伊国家公园礼品店上班。

曾经连房租都交不起、穷困潦倒的罗伯特如今已成了亿万富翁。这一切并不是归功于他的玩具娃娃讨人喜爱的造型和低廉的售价,而是归功于他在一次乡村市集工艺品展销会上突然冒出的一个灵感。在展览会上罗伯特摆了一个摊位,将他的玩具娃娃摆放好,并不断地调换拿在手中的小娃娃,他向路人介绍"她是个急性子的姑娘"或"她不喜欢吃红豆饼"。就这样,他把娃娃拟人化,不知不觉中就做成了一笔又一笔的生意。

不久之后,便有一些买主写信给罗伯特诉说他们的"孩子"——也就是那些娃娃被买回去后的问题。

就在这一瞬间,一个惊人的构想突然涌进罗伯特的脑海中。罗伯特忽然想到,他要创造的根本不是玩具娃娃,而是有性格、有灵魂的"小孩"。

就这样,他开始给每个娃娃取名字,还写了出生证书并坚持要求"未来的养父母们"都要做一个收养宣誓,誓词是:"我是某某,我郑重宣誓,将做一个最通情达理的'父母',供给孩子所需的一切,用心管理,以我绝大部分的感情来爱护和养育他,培养教育他成长,我将成为这位娃娃的唯一养'父母'。"

玩具娃娃就这样不仅有玩具的功能,而且凝聚了人类的感情,将精神与实体巧妙灵活地结合在一起,真可谓是一大创举。

数以万计的顾客被罗伯特异想天开的构想深深吸引,他的"小孩"和"注册登记"的总销售额一下子激增到30亿美元。

正是那个惊人的构想成就了罗伯特的辉煌。一个小小的创意就能获得巨额财富,就看你怎样开动脑筋了。

即使是亿万富翁和经验丰富的人也会出现失误,并为自己的错误付出高昂的代价。对刚刚起步涉足商海的人来说,这是很危险的。你如何决定什么是可能的?什么是不可能的?都要依靠你的大脑去思考。

太明显的事情不会让我们发财,如果真是这样,世界上到处都是亿万富翁了。成功者和普通人相比,就像是盲人中间富有洞察力的人。亿万富翁与常人不同,他们善于用大脑去思考问题的本质,他们想办法解决阻碍他们前进的障碍,他们发现的是最终能够让他们到达成功彼岸的方法和行动。

创意并非都正确,奇迹也并非全部能实现。即便如此,仍应当鼓励自己和别人积极思考。"美国氢弹之父"爱德华·泰勒几乎每天都动脑思考出十个新想法,其中可能九个半不正确。然而他就是靠许多"半个正确"的创意,不断创造成功的奇迹!

借助思考,人们更容易找到获取成功的突击方向,可以在阻挡着的障碍上撕开缺口。善于创意和思考,是成功者具备的可贵品质。

一般来说,竞争意识其实有两种不同的程度,一种是通过打败对手来获取胜利的攻击型竞争意识，另一种是不胜过对方也没关系，但不能败给对方的防守反击型竞争意识。

发挥防守反击型竞争意识会怎样呢？那就是别人不做的事情，你觉得要负担风险，所以也不去做，对于大家都开始做的事情，你一定很快地跟随去做。

有些人喜欢跟随潮流一哄而上，扎堆挤进网店或餐饮酒吧等行业，其实就是怕赶不上车的心态，赶上了之后，才发觉自己什么技术、知识也没有，只好与别人来个技术合作。并不是说技术合作不好，采取"只要跟着赚钱的潮流走就会取得成功"的简单做法也许会获得蝇头微利，但是绝对无法获得巨大的成功。

当然，我们生活中也有许多攻击型竞争意识很强的创业者，他们的共同点是有比别人更强的好奇心。有好奇心才会不断思考，有了思考并且又与众不同，就能从众人中脱颖而出。

创新对于创富具有十分重要的意义。所谓"流水不腐，户枢不蠹"，对于创业者来说必须永葆创新的青春，才能立足于商海。一旦你停止了创新，停止了进取，哪怕你是在原地踏步，其实也是在后退，因为其他的创业者仍在前进、在创新、在发展。

"创新者生，墨守成业者死"，这是一条被无数事实证明了的真理。很多创业者就是不懂得这个规律，稍有成就就裹足不前，坐吃老本，不再创新，不再开拓，妄求保本经营，结果不到几年就落伍了，被时代前行的波浪淘汰了。

创意是创新之母

创意是创新之母,只有找到好的创意,创新才能成功,才能更高效地创造价值。

创可贴的发明者埃尔·迪克森在生产外科手术绷带的工厂工作。20世纪初,他太太在做饭时经常将手弄破。迪克森总是能够很快为她包扎好,但是他却十分担心,自己不在家时太太该怎么办呢?如果有一种特别方便的绷带,自己可以为自己包扎伤口就好了,那样就不用担心太太自己包扎不了了。

于是,他想自己试着为太太做一个方便的绷带。他想把纱布和绷带结合在一起,就能用一只手包扎伤口。他拿了一条绷带布平铺在桌子上面,在绷带上面涂上胶,然后把另一条纱布折成纱布垫,放到绷带的中间。可其中有个难题,做这种绷带要用不卷起来的胶布带,而粘胶暴露在空气中的时间长了表面就会干。

后来他发现,一种硬质纱布能避免出现上述问题,于是最初的创可贴便问世了。

一家饭店开张,经理委托广告公司设计一个创意,让饭店能够迅速提高知名度,吸引更多的消费者。很快,广告公司把创意计划送来了,创意内容只有五个字——无菜单点菜。所谓无菜单点菜,也就是说饭店不提供菜单,而是顾客喜欢什么,饭店就提供什么。经理是餐饮行业里的行家,认为这样的创意简直就是瞎胡闹,无菜单点菜根本不符合饭店的惯例。但广告公司认为无菜单点菜比免费品尝、打折酬宾的效果要好得多。免费品尝虽然大气但肯定不能长久，打折有时候就是对店铺形象和品位的打折。而无菜单点菜则不然，能说明饭店有烹饪实力，能够烹制出各种菜肴。

经理半信半疑，如何能保证采购齐各种食材呢？而广告公司说，只要准备和其他饭店一样的菜即可。

无菜单点菜的广告打出后，人们觉得十分新鲜，饭店果然吸引了不少顾客。经理发现，顾客所点的菜大都是饭店已经准备的。经理开始还纳闷，想了想便豁然开朗。无菜单点菜其实只是小小的技巧而已，它的高明之处在于使人们有了更多的主动权，而这个小小的变化所产生的效果却是不可估量的。

1981年4月，杰克·韦尔奇接任美国通用电气公司总裁。这家公司规模庞大、产品分散，而且当时的情况并不景气。

韦尔奇刚一上任，就想：怎样才能管理好这样一个大公司呢？如何做才能使公司的销售和利润有所增长呢？经过调查，他发现公司管理得太死板，员工没有足够的自主权。通过仔细分析，他认定只有全体员工团结一致，才能使公司迅速发展起来。于是根据公司的这一情况，他进行了全面的思考，并重新设定了公司的发展目标。

他对公司进行改革，实行"全员决策"制度。他让那些平时很少有机会互相交流、按钟点上班的员工和中层管理人员以及工会领导等都有机会被邀请出席决策讨论会，与会者彼此平等，各抒己见。

"全员决策"的施行，得到了全体员工的支持，增强了他们对公司经营的参与意识，潜藏在每个人身上的无限创意被充分发掘出来，大家纷纷献计献策，其中有90%以上的合理化建议都被韦尔奇采纳。

涓涓细流，汇成江海。没过多久，原本不太景气的公司取得了巨大的发展，成为全美名声显赫的优秀企业。

要想创业成功，最关键的是创意，更重要的不在于创意本身有多少美妙和神奇，而在于它在多大程度上的不可复制、市场潜力的大小以及实施计划的可行性。

要选择彼此充分了解的、互补型的创业合作伙伴，选择一个合适的创业切入点，选择一个不是很成熟的市场，这样就会使创业早日成功的概率大一些。创业就好比走钢丝，稍微在哪个地方不小心，就会前功尽弃，控制创业的风险是创业者保全自己的技巧。

很多创业者优点明显，他们往往有热情和韧性，有知识有勇气，但缺点也很明显，要么是懂技术的不懂管理，要么是在管理经验上有一手但缺乏技术的前瞻性。但随着市场上的摸爬滚打，很多创业者慢慢变成了多面手。

创业所需的内部文化环境包括相互信任、核心人物领导力、共同的信念。创业者所需的外部环境，如社会对创业者的理解和支持，政府以多种社会资源支持创业者，等等。只有适宜的文化环境方可保障创业自由。在创业之前就把事业发展的规划全想明白，经过反复论证是不现实的，如果全想明白了，可能机会已有人抢先了。创业初始阶段的环境往往大多数人不看好，这给少数看好这些业务的人以机会。这时用常规的方法去论证，往往会得出这个业务将会失败的结论。

创业需要有创意的想法，但创意不等于创业，创意属于意识范畴，创业属于实践范畴。创业至少需要技术、资金、人才、市场经验、管理等因素中的两三项，否则贸然去创业，只有失败一条路。争取和利用资源，才能力争创业成功。

远见卓识是成功者的标签

每个创业者都必须要有远见，以使你的决策能让你从中获得发展，赚取财富。

三个年轻人结伴外出，寻找发财机会。在一个偏僻的小镇，他们发现了一种又红又大、味道香甜的苹果。由于地处山区，信息、交通等都不发达，这种优质苹果仅在当地销售，售价非常便宜。

第一个年轻人立刻倾其所有，购买了10吨最好的苹果，运回家乡，以比进价高两倍的价格出售。这样往返数次，他成了家乡第一个万元户。

第二个年轻人用了一半的钱，购买了100棵最好的苹果树苗运回家乡，承包了一片山，把果树苗栽种成活。整整三年时间，他精心看护果树，浇水灌溉，没有一分钱的收入。

第三个年轻人找到果园的主人，用手指着果树下面，说："我想买些泥土。"

主人一愣，接着摇摇头说："不，泥土不能卖。卖了泥土还怎么长果树啊？"

他弯腰在地上捧起满满一把泥土，恳求说："我只要这一把，请你卖给我吧，要多少钱都行！"

主人看着他，笑了笑，说："好吧，你给一块钱拿走吧。"

他带着这把泥土返回家乡，把泥土送到农业科技研究所，化验分析出泥土的各种成分、酸碱度等。接着，他承包了一片荒山，用整整三年的时间，开垦、培育出与那把泥土一样的土壤。然后，他在上面栽种了苹果树苗。

十年过去了，这三位结伴外出寻求发财机会的年轻人命运迥然不同。第一位采购苹果的年轻人现在每年依然还要把苹果运回来销售，但是因为当地信息和交通已经很发达，竞争者太多，所以赚的钱越来越少，有时甚至不赚钱反而赔钱。第二位购买树苗的年轻人早已拥有自己的果园，因为土壤成分不同，结出来的苹果有些逊色，但是仍然可以赚到比较可观的利润。第三位购买泥土的年轻人，他种植的苹果果大味美，和山区的苹果不相上下，每年秋天引来无数购买者，总能卖到最好的价格。

这个故事其实就是讲远见的重要性，最有远见的第三个年轻人赚取了最多的钱。

亚吉波多这样评价洛克菲勒："洛克菲勒能比我们任何人都看得远，他甚至能看到拐弯过去的地方。"

19世纪80年代中期，当宾夕法尼亚州的油田由于疯狂开采而趋向枯竭时，蕴藏量更大的俄亥俄州的油田正在开发起来。

当时新发现的利马油田，地处俄亥俄州西北与印第安纳州东部交界的地带。那里的原油有很高的含硫量，反应生成的硫化氢发出一种鸡蛋腐败的难闻气味，所以人们都称之"酸油"。没有原油公司愿意买这种低质量的原油，除了洛克菲勒。

当洛克菲勒提出自己要买下油田的提议时，几乎遭到了标准石油公司执行委员会所有委员的反对，包括亚吉波多、普拉特和罗杰斯等。因为这种原油的质量实在太低了，每桶只值0.15美元，虽然储量很大，但谁也不知用什么方法才能对它进行有效的提炼。只有洛克菲勒坚持认为，总有一天会找到去除高硫的方法。亚吉波多甚至说，如果那儿的石油提炼出来的话，他将把生产出来的石油全部吞进肚子。不管亚吉波多怎么说，洛克菲勒固执地保持沉默。亚吉波多最终失望了，他当即表示将他的部分股票以8.5折出售。

　　面临着非此即彼的选择，执行委员会同意了洛克菲勒的提议。标准石油公司第一次以800万美元的价格购买了油田，这是公司第一次购买生产低质原油的油田。

　　洛克菲勒始终是乐观的，他的乐观简直变成了如痴如狂。他从自己的腰包里掏出300万美元，让一位颇有名气的化学家——德国移民赫尔曼·弗拉希来研究一种可将石油中的硫提取出来的方法。

　　弗拉希一头扎进了实验室。洛克菲勒不懂化学，但知道科学家的工作是不能受到干扰的。对弗拉希的要求，他一概有求必应。用于研究的经费是巨大的，几万美元维持几个月时间就算不错了。弗拉希提炼利马石油的工作进展缓慢，研究费用却持续增高，从几万美元增加到几十万美元。委员们再次开会，讨论是否立即放弃利马油田，把准备投到那里的资金抽往别处。亚吉波多以胜利者的姿态，幽默地对洛克菲勒说，看来他已经没必要喝光提炼出来的利马石油了。他为自己转让股票的行为而感到庆幸。

　　然而，洛克菲勒仍以微笑作答，对大家的提醒不置一词。

　　利马石油的价格，在两三年内一跌再跌。到1888年初，它已跌到每桶不到两美分，拥有利马油田股票的人纷纷抛出，并自叹倒霉。

　　弗拉希的工作没有中断，他常常通宵达旦地待在实验室里。研究工作其实已有了些眉目。当洛克菲勒询问他究竟有多大把握时，弗拉希谨慎地回答："至少有50%的把握。"

于是，洛克菲勒不再说什么。他命令手下到交易所收购那些廉价抛售的利马石油股票，他要干就要干到底。

事实证明洛克菲勒是正确的。一段时间以后弗拉希的研究成功了，他找到了一种能够妥善处理含硫量过高的"酸油"的脱硫法，并因此获得专利，这种方法从此被称为弗拉希脱硫法。

利马油田的股票价格迅速上涨，短时间就上涨将近10倍。洛克菲勒收进的那些股票赚了一大笔。

正是洛克菲勒的远见卓识使他赚了这笔钱。

要成为成功的商人，就要有敏锐的心思，可以预知未来的情势，不要眼光短浅，只贪眼前的蝇头小利，那样的人永远只能跟在人们后边，也就不能享受创新的红利。

纵观历史，预测人类的行为，显然比预测天气更容易。

智者切面包时，计算10次才动刀；倘若换成愚者，即使切了10下也不会估测一下，因此切出来的面包，总是大小不一或数量不对。这就是智者和愚者做事时思考模式的不同。

有人把当前的社会称为"想象力经济"时代，要想在这个时代淘到财富，你必须具有超凡的想象力，而想象力必须依托于远见，只有有远见的人，才能看到未来的发展趋势，从而取得成功。

从蛛丝马迹中洞察财源

世上许多地方，时时处处皆有商机，就看你是否有一双善于发现机遇的眼睛。培养洞察力，是致富必不可少的一项工作。

在股市之中,巴菲特屡创佳迹。他以不断进取的精神、冷静敏锐的判断力赢得了人们的尊敬。其实巴菲特最不同寻常的地方就是他的洞察力,正是这种洞察力为他带来了滚滚财源。要想致富成功,培养你的洞察力是必须的。

1962年,伯克希尔·哈撒韦纺织公司因为经营管理不善而陷入危机,股票因此下跌到每股8美元。巴菲特计算,伯克希尔公司的营运资金每股在16～50美元,是它股价的两倍以上。于是,巴菲特以合伙人企业名义开始购进。到了1963年,巴菲特的合伙人企业已经成为伯克希尔公司的最大股东,巴菲特也成为该公司的董事。

尽管伯克希尔公司的形势不断恶化,工厂不断关闭,销售额下降,公司亏损不断,但巴菲特还是继续买进。

很快,他的合伙人公司拥有了伯克希尔49%的股份,并掌握了公司的控股权。巴菲特接管伯克希尔公司以后,没有将收回的效益返回到纺织业上去,而是对存货和固定资产进行了清理。他改变了伯克希尔公司的资本流向,改变了企业的经营方向,使它从纺织业转向了保险业。因为在巴菲特看来,纺织品行业需要厂房和设备投资,故而很消耗资金,而保险业却能直接产生现金,它的收益马上就可以得到,而债务却是在很久以后才偿付的。在保险公司收到资金到最后偿付债务之间的时间内,他就可以拥有一大笔可以用来投资的基金,在贸易中叫作"筹款"。在巴菲特看来,开展保险业务就等于打开了一条可用于筹资和投资的现金通道。1967年,巴菲特以860万美元收购了奥马哈国际保险公司,从此以后,伯克希尔就有了资金来源。在接下来的几年中,巴菲特用伯克希尔保险公司的"筹款"并购了奥马哈太阳极公司和规模更大的伊利诺伊国民银行及信托公司。近几年,伯克希尔公司的股票是纽约证券交易所最昂贵的股票之一。

1964年，由于色拉油事件的谣传越来越多，美国捷运公司的股票跌至每股35美元。华尔街的证券商们好像商量好了一样，同唱着一个调子——"卖"。就在这时候，巴菲特毅然逆潮流而动，将自己25%的资产投入到这只股票上。

他被自己这种类似赌博的投资所鼓舞了，美国捷运公司很快走出了色拉油谣传的阴影，到了1965年，股价升到了70～73美元一股，是收购价的一倍多。巴菲特合伙人企业在那一年创下了超过道琼斯工业指数33个百分点的惊人业绩。

在巴菲特经营合伙人企业的第二个五年中，扣除巴菲特应得的利润份额后，巴菲特合伙人企业的投资收益上升了704.2%，是道琼斯盈利的六倍。投资者们开始崇拜巴菲特了，因为他使他们每一个人都变成了百万富翁，他的地位达到了神话般的程度。

买股票当然需要预测力和洞察力，因为在风云变幻的股市上，股价时刻都变化万千，没有出色的洞察力，就不可能取得成功。其实不仅在股市上，在很多地方都需要洞察力才能取得财富。

老希尔顿创建希尔顿酒店集团时，曾指天发誓："我要使每一寸土地都长出黄金来。"无疑，他是天才，天才特有的目光使他从不忽略任何一次发财的机会，任何一寸他所管辖的土地都不会休闲沉睡。

70年前，希尔顿以700万美元买下华尔道夫阿斯托里亚酒店的控制权之后，他以极快的速度接手管理了这家纽约著名的宾馆。一切欣欣向荣，很快进入正常的营运状态。在所有的经理们都认为已充分利用了一切生财手段、再无遗漏可寻时，希尔顿依旧像园丁一样，一言不发地寻找着可能被疏忽闲置的土地和空间。

人们注意到，他的脚步时常在酒店前台有所停顿，他的目光像鹰一样，注视着大厅中央巨大的通天圆柱。当他一次次在这些圆柱周围徘徊时，服务人员都意识到，又有什么旁人意想不到的高招在他的头脑里闪耀了。

希尔顿独自推敲过这些柱子的构造后发现，这四根空心圆柱在建筑结构上没有支撑天花板的力学价值。那么它们存在的意义是什么呢？为了美观吗？但没有实用价值的装饰，这无异于空间的一种浪费。希尔顿最不能容忍的就是一箭只射一雕。

于是，他叫人把它们迅速改造成四个透明玻璃柱，并在其中设置了漂亮的玻璃展箱。这回，这四根圆柱就不仅仅是装饰品了，在广告竞争激烈的时代，它们便从上到下充满了商业意义。没过几天，纽约那些精明的珠宝商和香水制造厂家便把它们全部包租下来，纷纷把自己琳琅满目的产品摆了进去。而老希尔顿坐享其成，每年由此净收数万美元的租金。

有许多人想干一番大的事业，但总是强调没有资金或其他必备的条件。实际上，只要思路开阔，能够想出别人想不到的主意，即使空气和水也能卖钱。例如日本商人将田野、山谷和草地的清新空气，用现代技术储制成"空气罐头"，然后向久居闹市、饱受空气污染的市民出售。购买者打开空气罐头，靠近鼻孔，香气扑面，沁人肺腑，商人因此获得了高额利润。美国商人费涅克周游世界，用立体声录音机录下了千百条小溪流、小瀑布和小河的"潺潺水声"，然后高价出售。有趣的是，其生意兴隆，购买水声者络绎不绝。法国一名商人别出心裁，将经过简易处理的普通海水放在瓶子中，贴上"海洋"的标签出售。

从某种意义上说,洞察力就是财源。要想致富,没有洞察力是不行的。众人都能看到的商机,即使你看到了又有何作用呢?只有洞察众人所不察的商机,才能获得更大的成功。

从小事中激发创意

"一花一世界,一叶一菩提。"在佛教徒的眼中所见皆是佛。其实,创富的人也一样,你身边的任何一件小事中都可能蕴含着极大的商机,关键在于你有没有发现机会的眼睛。从小事中激发出来的创意往往会给你带来意想不到的收获。

佐佐木是日本神户的一位大学毕业生,他毕业后在一家酒吧打短工,遇到一位从中东来的游客,这位游客名叫阿拉罕。阿拉罕很快就跟佐佐木相识了,而且二人说话很投机。于是,阿拉罕送了一只奇妙的打火机给佐佐木。

佐佐木反复摆弄这只打火机,每当他一打着火,机身便会发出亮光,并且机身上会出现美丽的图画;火一熄,画面也跟着消失了。

佐佐木觉得这只打火机十分新奇、美妙,便向阿拉罕打听,这只打火机是什么地方生产的。阿拉罕告诉他,这是他到法国旅游时买的,而且是打火机当中的最新产品。

佐佐木早就不想在酒吧里打工了,他想自己创业,现在碰到这种新颖奇妙的打火机,脑子里灵机一动,觉得能代理销售这种产品,一定会受到年轻人的欢迎。他一面想,一面开始行动,赶到神户图书馆,果然在一份法国杂志上找到了制造这种打火机的厂家信息。于是,他给这个厂家写了一封言辞恳切，愿意代理这种产品在日本销售的信。

不出一个月，法国厂家给他回了信，欢迎佐佐木成为他们的代理商。结果，他花了一万美元，获得了这种打火机的代理权。

佐佐木推销这种打火机，很快就闯出了市场。购买的人很多，尤其是年轻人，拿着这种打火机总是爱不释手，尽管价钱贵一点，也舍得花钱买一只。

佐佐木是一个爱动脑筋的人，他不仅销售这种打火机，而且喜欢在打火机身上动脑筋。他想，要是把这种打火机的性能再变通一下，改造成另一种用具或玩具，这不是更好吗？

他从探究这种法国打火机的性能入手，先掌握其工艺，再进行改造。很快，他就由打火机推广到水杯等几种用具和玩具。

佐佐木设计、制造出能够显示漂亮图画的水杯，大受日本人的欢迎。他制造出的这种水杯，盛满一杯水时，便会现出一幅美丽、逼真的画面，随着杯中水位的不同，画面也跟着变得不同。人们用这种杯子品茶、闲聊，简直是一种享受，谁拿在手上都不愿放下来。

佐佐木很快就积累了一大笔资金，并开办了一家成人玩具厂，专门制造打火机、火柴、水杯、圆珠笔、钥匙扣、皮带扣等具有鲜明特色的产品。正因为善于从小事中激发创意，佐佐木才能够取得骄人的成就。

日本岛村产业公司及丸芳物产公司董事长岛村芳雄，在创业之初身无分文。有一天，他在马路上漫无目的地闲逛时，注意到街上许多行人都提着一个纸袋，这些纸袋是商店给顾客装东西用的。岛村灵机一动："将来纸袋一定会风行一时，做纸袋绳索生意是错不了的。"然而身无分文的他，虽然有雄心壮志，却有一种无从下手的感慨。最后他决心硬着头皮去各家银行试一试。一到银行，他就把纸袋的前景、纸袋绳索的制作技巧，以及他的经营方法、对该事业的展望等详细说明，但每一家银行都不理睬他。然而他并不灰心，每天都过去主动拜访。苍天不负有心人，经过三个月的努力，在拜访了几十次之后，三井银行被他那种百折不挠的精神所感动，答应贷给他100万日元。当朋友、熟人知道他获得银行贷款时，也纷纷帮忙，有的出资10万日元，有的借给他几万日元，很快就筹集了200万日元。几年时间，他从一个穷光蛋摇身一变成为日本绳索大王。

生活中，许多人总是抱怨没有机遇，觉得命运对自己不公平。其实这种观念极为错误，不是没有机遇而是因为你没有去挖掘。

怎样才能抓住机遇呢？留心周围的小事，才会有敏锐的洞察力。在日常生活中，常常会发生各种各样的事，有些事使人大吃一惊，有些事则平淡无奇。一般而言，使人大吃一惊的事会使人倍加关注，而平淡无奇的事往往不被人注意，但它却可能包含着重要的意义。

一个有敏锐观察力的人，就要能够看到不奇之奇。19世纪英国物理学家瑞利正是从日常生活中发现了与众不同之处。在端茶时，茶杯会在碟子里滑动和倾斜，有时茶杯里的茶水也会洒出一些，但当茶水稍洒出一点弄湿了茶碟时，茶杯会变得不易滑动。瑞利对此做了进一步探究，做了许多相类似的实验，结果得到一种求算摩擦力的方法——倾斜法。当然，我们说培养敏锐的洞察力，留心周围小事的重要意义，并不是让人们把目光完全局限于"小事"上，而是要人们"小中见大""见微知著"，这样才能有所创造，有所成就。

小缺陷中也往往孕育着大市场。日本华裔企业家邱永汉说："哪里有人们为难的地方，哪里就有赚钱的机会。"企业应避免"一窝蜂"地挤上一个山头，而是要善于发现市场饱和的"空档"，把眼界放开，从不断完善现有产品，不断开发新产品中寻找财富。

在经济、技术高速发展的今天，产品生产周期大大缩短，如果企业还像以往那样，亦步亦趋地跟着市场走，恐怕只能分得残羹剩饭，要想获利就必须另辟蹊径。这就需要企业家能深入市场，从日常的观察中启动商业灵感，出奇制胜。广东某罐头厂的厂长逛市场时发现，鱼头比鱼身贵，鸡翅比鸡肉贵，触发其联想："橘皮为啥不能卖个好价钱呢？"于是组织人力研制生产"珍珠陈皮"，开拓出新市场。

其实，只要我们处处留心，就不难找到尚未被别人占领的潜在市场。想别人之未曾想，做别人之未曾做，从一些看似平凡的现象中启动灵感，以超前的眼光找到潜在的市场。只有这样，才能在瞬息万变的市场中掌握主动权，挖掘潜在的财富。信息作为一种战略资源，已经和能源、原材料一起构成了现代生产力的三大支柱。信息中包含着大量的商机，而商机中蕴藏着丰富的财富。企业家要有"一叶落而知秋到"的敏锐眼光，从不为别人所注意的蛛丝马迹中挖出重大经营信息，而后迅速做出决策，抓住转瞬即逝的机遇。

菲力普·亚默尔能从墨西哥发生瘟疫的信息中想到美国肉类市场的动荡，从而通过低买高卖轻而易举赚得几百万美元。浙江农民看到日本商人常来收购农村常见的丝瓜筋，经过进一步了解其用途后便组织生产浴巾、拖鞋、枕套、枕芯等产品出口欧、美、日，做成了年出口几百万美元的生意。

商机就在我们身边，企业只要对每一条信息都仔细加以分析，就能抓住商机，取得成功。

善于在危机中发现商机

想要致富的人都难免会在致富的道路上遇到各种各样的危机,在这个时候,有些人选择了放弃。而那些不畏困难时刻留心的人,却能够从危机中发现商机,从而走出危机,获得财富。

20世纪90年代,王建辉在一个朋友的劝说下辞去公职,远涉重洋去了匈牙利。到了匈牙利后,他筹措资金,从国内发去了一个货柜的圣诞礼品,结果由于运输延误,具有时效性的礼品只得贱价处理。王建辉哑巴吃黄连,又苦又急,结果大病一场。

其后,王建辉冷静下来,从中国进口太阳眼镜。当时中国中低档眼镜已是国际市场中的宠儿,靠这批眼镜,王建辉得以还清欠款。此后他一直稳扎稳打,生意渐渐好转。他又决定到阿尔巴尼亚去开拓市场。当时阿尔巴尼亚商品匮乏,外国商人又很少到那里去,王建辉认为这正是自己发展的大平台。

当时,由匈牙利到阿尔巴尼亚,须穿越南斯拉夫。王建辉独自驾车从布达佩斯出发,路上遭遇一伙歹徒抢劫,幸好警察及时赶来,他才捡了一条命,却因伤住院了。

在住院期间,王建辉发现阿尔巴尼亚医院里的小药品比布达佩斯贵几倍。他仔细询问了一下,得知阿尔巴尼亚本国完全依赖进口,因此药品售价奇高。他猛然间意识到这里存在着巨大的价值空间,不是可以好好利用一下吗?经过多方的努力,他取得了阿尔巴尼亚主管部门的批准,从中国进口药品。1995年1月1日,阿尔巴尼亚实行药品经销企业注册登记，王建辉是在该国卫生部申请注册的第一个中国人。他的公司是中国药品进入阿尔巴尼亚的主要代理商，进口量占阿尔巴尼亚药品的40%，公司是阿尔巴尼亚重点纳税企业之一。

王建辉的经历值得我们学习，在危机面前，他并没有因畏惧而放弃，相反，身处危机之中的他却及时发现了商机，走向了成功的道路。

1862年，美国南北战争正打得不可开交。林肯总统颁布了"第一号命令"，实行全军动员，并下令陆海军对南方展开全面进攻。

有一天，金融大亨摩根结识了一位新朋友克查姆——华尔街一位投资经纪人的儿子。克查姆神秘地告诉摩根："我父亲最近在华盛顿打听到，北方军队的士兵伤亡十分惨重。如果有人大量买进黄金，汇到伦敦去，肯定能大赚一笔。"

对商业极其敏感的摩根立时心动，提出与克查姆合伙做这笔生意。克查姆自然跃跃欲试，他把自己的计划告诉摩根："我们先与皮鲍狄先生打个招呼，通过他的公司和你的商行共同付款，购买四五百万美元的黄金——当然要秘密进行，然后将买到的黄金一半汇到伦敦，交给皮鲍狄，剩下一半我们留着。一旦皮鲍狄黄金汇款之事泄露出去，而政府军又战败时，黄金价格肯定会暴涨，到那时候，我们就堂而皇之地抛售手中的黄金，肯定会大赚一笔！"

摩根迅速地思考了这笔生意的风险程度，爽快地答应了克查姆。一切按计划行事，正如他们所料，秘密收购黄金的事因汇兑大宗款项而走漏了风声，社会上流传大亨皮鲍狄购置大笔黄金的消息，"黄金非涨价不可"的消息马上就人人皆知。于是，很快形成了争购黄金的风潮。由于这么一抢购，金价飞涨，摩根眼看火候已到，迅速抛售了手中所有的黄金，趁机赚了一笔。

机会常常有，结伴而来的风险其实并不可怕，就看我们有没有勇气去抓住机遇。敢冒风险的人才有最大的机会赢得成功。古往今来，任何一个成功者都会经过风险的考验。因为不经历风雨，怎么能看见彩虹，不去冒风险，又怎能抓住财富的衣袂。

从身边的小事做起

完成小事是成就大事的第一步。伟大的成就总是跟随在一连串小的成功之后。在事业起步之际，我们也会得到与自己的能力和经验相称的工作岗位，证明我们自己的价值，渐渐被委以重任和更多的工作。将每一天都看成是学习的机会，这会令你在公司和团体中更有价值。一旦有了晋升的机会，老板也会第一时间想到你。任何人都是这样一步一个脚印地走向成功彼岸的。

很多人都羡慕成功人士的功成名就，可是大家却忽略了成功人士背后的故事，像爱迪生从小的时候就很注意在小事情上培养自己的兴趣，自己动手做一个小衣架，摆弄一个不起眼的玩具，这些都给了他很大的启迪，为自己将来成就事业奠定了良好的基础。当他发明电灯的时候，如果不是从每一根细小的金属丝开始，一步一步地做实验，他就不可能成功。

不要羡慕别人，每一个人都是主角。培养细心做事的态度，做好小事，才会成就一番大事。

早期人们用手工制衣的时候，缝衣针的针孔是圆形的，上了年纪的老人用这样的缝衣针非常不方便，引线的时候由于视力下降常常很难一下子就将线穿过针孔。

为此，一个技师非常想找出一个好方法来解决这个问题，他把针线拿过来反复琢磨，实验了很多方法，最后他觉得把缝衣针的圆形针孔改成长条形，更容易把线穿过去。

因为针孔是一个长条孔，你眼力再不济，拿线头往针孔上下一扫，也能很快对上。从圆孔到长条形针孔，就这么一点小改动，穿针难的问题就解决了。

他立即向工厂的领导提出了改进缝衣针的想法，领导对这个问题十分重视。欣然同意他的改进意见后，很快这一全新的缝衣针推向市场，得到了广泛的赞誉，为工厂赢得了声誉。

其实不论做什么事情，加工一件产品还是做一件日常生活中的小事，实际上都是由一些细节组成的。综观世界上的成功者，他们之所以能取得杰出的成就，往往是把关注细节贯穿于整个奋斗过程中。瓦特注意到蒸汽把壶盖掀起的那一细节给了他无限的灵感，牛顿注意到了苹果落地的细节，引发了万有引力的设想。可见，细节虽小，影响却是巨大的。

一个乐于从细微小事做起的人，有希望创造惊人的奇迹。一个不经意的发现就有可能决定一个人的命运，一项小小的改进就能让一个企业扭转局势、起死回生。在市场竞争激烈的今天，任何细微的东西都可能成为"成大事"的决定性因素。

科尔是法国银行家，他之所以能在法国银行界声名鹊起，与他细心认真的态度是分不开的。人们从他的传奇经历中体会到了一个银行家所特有的精神品质。

最初，科尔去当地几家知名的银行求职，但等待他的却是接二连三的碰壁。不过，科尔要在银行谋职的决心一点也没受到影响，他仍然一如既往地去银行去求职。一天，科尔再一次来到某家银行，有了前几次碰壁的经验，这次他直截了当地找到了董事长，开门见山就说，希望董事长能雇用他。然而，董事长当场拒绝了他。当科尔失魂落魄地走出银行时，看见银行大门前的地面上有一根大头针。他弯腰把大头针捡了起来，以免伤人。第二天，科尔又准备出门求职。在他关门的那一刻，看见信箱里有一封信，拆开一看，科尔欣喜若狂，他手里的那张纸竟然是昨天那家银行的录用通知书。他有些不敢相信，甚至怀疑是在做梦。

原来，昨天科尔蹲下身子捡起大头针的时候，被董事长看到了。董事长认为如此认真细心的人很适合当银行职员，所以当时就改变主意决定录用他。

一件小事成就了科尔，注重小事的效果由此而可见一斑。

比尔·盖茨说："你不要认为为了一分钱与别人讨价还价是一件丑事，也不要认为小商小贩没什么出息。金钱需要一分一厘积攒，而人生经验也需要一点一滴积累。在你成为富翁的那一天，你已成了一位人生经验十分丰富的人。"

恐怕年轻人都不愿听"先做小事赚小钱"这句话，因为他们大都雄心万丈，一踏入社会就想做大事、赚大钱。

"做大事、赚大钱"的志向并没什么错，有了这个志向，你就可以不断向前奋进。但事实上，社会上真能"做大事、赚大钱"的人并不多，更别说一踏入社会就想"做大事、赚大钱"了。

很多成大事、赚大钱者并不是一走上社会就取得如此业绩的，很多企业家都是从打工仔起步，很多将军是从小兵当起，人们很少见到一走上社会就真正"做大事、赚大钱"的人！所以，作为普通人，从"先做小事，先赚小钱"起步绝对没错！你绝不能拿机遇赌博，因为"机遇"是看不到的，难以预测的！

那么，"先做小事，先赚小钱"有什么好处呢？

"先做小事，先赚小钱"最大的好处是可以在低风险的情况之下积累工作经验，同时也可以借此了解自己的能力。当你做小事得心应手时，就可以做大一点的事。赚小钱既然没问题，那么赚大钱就不会太难，何况小钱赚久了，也可累积成"大钱"。

大事业是由无数个微不足道的小事情积累而成的，小事情干不好，大事情也不会做成功。做任何事，不论大事小事，不论轻重缓急，都要一步一个脚印，力求把每一件事情做好，善始善终，不要心高气傲，不能急功近利，罗马不是一天建成的。

俗话说得好，"一口吃不成个胖子"，成功源于每一个细节，积跬步致千里，汇细流入大海。现实生活中，有许多人都雄心勃勃，想成就一番事业，但不屑于从小事做起，眼高手低，最终一事无成。更有甚者，忽视生活和工作中的细节，几乎酿成大错。从脚下开始，从现在开始，少一点空谈，多一点实干吧！

做事如此，创富也是如此，不是一朝一夕就能收到显著成效的，需要我们为之长期努力奋斗。梦想一夜暴富，结果肯定适得其反。无论投资还是做生意，都不能急功近利，任何事都要慢慢来，不要心急，步步为营，才能稳扎稳打。

以小钱赚大钱

"四两拨千斤",以小钱赚大钱是成功者致富的拿手好戏。大多数成功者在开始创业时也是一穷二白,但他们不会永远困在这个阶段。他们会穷尽自己的智慧,力争摆脱这种艰难的状态。以小钱赚大钱的赚钱方法,是他们常用的致富手段。

20世纪六七十年代,美国加利福尼亚州萨克拉门多有一个叫安德森的青年,做家庭用品销售。首先,他在知名的妇女杂志刊载他的"1美元商品"广告,所登的商品都来自有名的大厂商,出售的产品都是实用的,其中大约20%的商品进货价格超出1美元,60%的商品进货价格刚好是1美元。所以杂志一刊登出来,订购单像雪片一样飞向他。

他并没什么资金,这种方法也不需要资金,客户汇款过来,就用收来的钱去买货就行了。

当然汇款越多,他的亏损便越多,但他并不是一个傻瓜,寄商品给顾客时,会附带寄去几十种3美元以上100美元以下的商品目录和商品图解说明,再附一张空白汇款单。

这样虽然卖1美元商品有些亏损,但是他是以小金额商品的亏损换来大量顾客的"安全感"和"信任"。顾客就会在信任心理作用下,向他买较昂贵的东西。如此一来,较贵的商品不仅可以弥补1美元商品的亏损,而且可以获取很大的利润。

就这样,他的生意像滚雪球一样越做越大,一年之后,他设立了一家通信销售公司。三年后,他雇用50多名员工,1974年的销售额达 5000 万美元。

他的这种以小鱼钓大鱼的办法，有着惊人的效力。起初他一无所有，可是自从开始做吃小亏赚大钱的生意之后不久，就建立起自己的通信销售公司。当时他不过是一个 29 岁的小伙子。

很多成功者的起点并不是很高，并不是一开始就想着要做大生意、赚大钱。他们懂得，凡事要从小处入手，一步一步进行，财富的雪球才会越滚越大。

有个叫哈罗德的青年，开始只是一个经营一家小型餐饮店的商人。他看到麦当劳门店里每天顾客络绎不绝的场面，就感叹那里面所隐藏的巨大的商业利润。他想，如果可以代理经营麦当劳，那利润一定是很可观的。

他马上行动，找到麦当劳总部的负责人，说明自己想代理麦当劳的想法。但是负责人的回答却给哈罗德出了一个难题——开一家麦当劳快餐店需要几十万美元的资金才可以。而哈罗德并没有足够的资金去代理，而且相差甚远。

哈罗德并没有因此而放弃，他决定每个月都给自己存 1000 美元。于是每到月初的第一天，他都把自己赚取的钱存入银行。为了防止自己花掉手里的钱，他总是先把 1000 美元存入银行，再考虑自己的经营费用和日常生活开销。无论发生什么样的事情，都一直坚持这样做。

哈罗德为了完成自己的计划，整整坚持不懈存了六年。由于他总是在同一个时间——每个月的 1 号去存钱，连银行的工作人员都认识他了，并为他的坚韧所感动！

六年后的哈罗德手中有了近 8 万美元，这是他长期努力的结果，但是仍然与加盟费有很大差距。

麦当劳负责人知道了这些，被哈罗德锲而不舍的精神感动了，当即决定把麦当劳某特定区域的代理权交给哈罗德。

就这样，哈罗德开始迈向成功之路。

如果哈罗德没有坚持每个月为自己存入1000美元，就不会有七八万美元。如果当初只想着自己手中的钱太微不足道，不足以成就大事业，那么他永远只能是一个默默无闻的小店主。为了让自己心中的种子发芽，哈罗德从1000美元开始慢慢充实自己的口袋，而且坚持六年之久，终于感动了麦当劳负责人，也开始了自己的成功人生。

在市场竞争中，没有资金的创业者想成功难免受到各种因素的制约，常常是欲速则不达，心急吃不了热豆腐。因而，有些胸怀大略的创业者，为了实现其目标，以迂为直、以小鱼钓大鱼，这是他们惯用的策略。不论是谁，成功的道路总是坎坷曲折的，在市场竞争中，有些创业者由于受资金、设备、人才、技术等客观条件的限制，目标不可能一下子就达到。安德森的例子告诉了我们，没本钱没关系，可以先用别人的钱建立起信誉。这就说明，任何想成功的人欲沿着笔直的路线达到自己认定的目标都是不现实的，世界上也不存在一帆风顺、一步达到辉煌顶点、一口吃成个大胖子的先例。致富如同做人，其道路直中有曲，曲中有直，欲走捷径，但往往走入了绝境，而费尽辛苦探索出来的道路，有时却能率先到达终点。

第 6 章
建立财富管道：
拥有源源不断的收入来源

要有一颗事业心

大多数人对待任何工作都抱着做事情的态度，做完就行；而成功者呢，无论做什么工作，处于什么样的岗位，他都会以干事业的态度认真对待。事情和事业，只有一字之差，境界却有天壤之别。

如果有人投资让你去开一个杂货店，你会怎么想？

从做事情的角度考虑，开杂货店用不着风吹日晒雨淋，除了进货，大部分时间都是坐等顾客，可以闲聊，可以看报，可以织毛衣，不可谓不轻松。钱呢，也能赚，进价六角的，卖价一元，七零八碎地一个月下来，至少衣食无忧。为什么不做？

但换一个角度想，开了杂货店，你就开不成百货店、餐饮店、书店、鞋店、时装店，总之，做一件事的代价就是失去了做别的事的机会。人生几十年，如果不想在一个10平方米的杂货店内消磨时间，你就得想一想，做什么更有前途。从事业的角度，你要考虑的就不是轻松，也不是一个月的收入，而是它未来发展的潜力和空间有多大。

杂货店不是不可以开，而是看你以什么样的态度去开。如果把它当作一件事情来做，它就只是一件事情，做完就脱手。如果是一项事业，你就会设计它的未来，把每天的每一步都当作一个连续的过程。

作为事业的杂货店，它的外延是在不断扩展的，它的性质也在变。如果别的店只有两种酱油，而你的店却有10种，你不仅买一赠一，还送货上门、免费鉴定、传授知识，让顾客了解什么是化学酱油，什么是酿造酱油，你就为你的店赋予了特色。你的口碑越来越好，渐渐就会有人舍近求远，穿过几条街来你的店里买酱油。当你终于舍得拿出钱去注册商标时，你的店就有了品牌，有了无形资产。如果你的规模继续扩大，你想到增加店面，或者用连锁的方式，或者采取特许加盟的方式，你的店又有了更广阔的成长空间，有了进一步运作的基础。

这就是事情和事业的区别。

有一位企业家说："如果一个人能够把本职工作当成事业来做，那么他就成功了一半。"然而，对今天的有些人来说，工作却并不等于事业。在他们眼里，找工作、谋职业不过是为了糊口。

1974年，麦当劳创始人雷·克罗克，被邀请去奥斯汀为得克萨斯州立大学的工商管理硕士班做讲演。在一场激动人心的演讲之后，学生们问克罗克是否愿意去他们常去的地方一起喝杯啤酒，克罗克高兴地接受了邀请。

当这群人都拿到啤酒之后，克罗克问："谁能告诉我，我是做什么的？"当时每个人都笑了，大多数学生都认为克罗克是在开玩笑。见没人回答他的问题，于是克罗克又问："你们认为我能做什么呢？"学生们又一次笑了，最后一个性格开朗的学生开玩笑说："克罗克，所有人都知道你是做汉堡包的。"

克罗克哈哈地笑了："我料到你们会这么说。"他停止笑声并很快补充道："女士们、先生们，其实我不做汉堡包业务，我真正的生意是房地产。"

接着克罗克花了很长时间来解释他的话。在克罗克的远期商业计划中，基本业务将是向合伙人出售麦当劳各个分店的特许经营权，他一向很重视每个分店的地理位置，因为他知道房产和位置将是每个分店获得成功的最重要的因素，而同时，当克罗克实施他的计划时，那些买下分店经营权的人也将付钱从麦当劳集团手中买下分店的房产。

麦当劳今天已是世界上著名的房地产商了，它拥有的房地产甚至超过了天主教会。今天，麦当劳已经拥有美国以及世界很多地方的一些最值钱的街角和十字路口的黄金地段。

克罗克之所以成功，就在于他的目标是建立自己的事业，而不仅仅是卖几个汉堡包赚钱。克罗克对职业和事业之间的区别很清楚，他的职业总是不变的——商人。他卖过牛奶搅拌器，以后转为卖汉堡包，而他的事业则是积累能产生收入的房地产。

追求财富应该成为一项事业而不是为单纯的享受。在成功人士的成功因素中，把追求财富当作一种事业是其中极其重要的一项。如果你把追求财富当作一种事业，就会站在一个更高的角度来看待它，因而也就更容易在生意场上取得成功，因为你已经获得了超越、获得了幸福。从对许多成功人士的采访看，经营使他们感到快乐，不在于自己的财富增加了多少，而在于**证明了自己行，也在于可能为社会做出更多贡献，这种满足感才真正是快乐的源泉**。这种满足感使自己感觉是在从事一种事业，从而极大地激发自己的创造性和幸福感。

张明高中毕业后随哥哥到南方打工。他和哥哥在码头的一个仓库给人家缝补篷布。张明很能干，干活也精细，他看到别人丢弃的线头碎布会随手拾起来，留作备用，好像这个公司是他自己开的一样。

一天夜里，暴风雨骤起，张明从床上爬起来，拿起手电筒就冲到大雨中。哥哥劝不住他，骂他是个傻子。

在露天仓库里，张明察看了一个又一个货堆，加固被掀起的篷布。这时候老板正好开车过来，只见张明已经浑身湿透。

当老板看到货物完好无损时，当场表示要给他加薪。张明说："不用了，我只是看看我缝补的篷布是否结实。再说，我就住在仓库旁，顺便看看货物只不过是举手之劳。"

老板见他如此诚实，如此有责任心，就让他到自己的另一个公司当经理。

公司刚开张，需要招聘几个大学毕业生当业务员。张明的哥哥跑来，说："给我弄个好差使干干吧！"张明深知哥哥的个性，就说："你不行。"哥哥说："看大门也不行吗？"张明说："不行，因为你不会把工作当成自己家的事。"哥哥说他："真傻，这又不是你自己的公司！"临走时，哥哥说张明没良心，不料张明却说："只有把公司当成是自己开的，才能把事情干好，才算有良心。"

几年后，张明成了一家公司的总裁，他哥哥却还在码头上替人缝补篷布。这就是带着事业心做事与应付工作之间的区别。

英特尔前总裁安迪·葛鲁夫应邀对加州大学的伯克利分校毕业生发表演讲的时候，提出这样一个建议："**不管你在哪里工作，都别把自己当成员工，应该把公司看作自己开的一样。**你的职业生涯除你自己之外，全天下没有人可以掌控，这是你自己的事业。"

为钱工作和让钱为你工作是两种不同的观念，它们产生出两种不同的结果。工作不是我们的目的，钱也不是，它们只是达到最终目的的手段或工具而已。所以，不能为工作而工作，更不能为钱而工作。在工作中不断学习，让钱为你工作是成功者的一个重要秘诀。

罗·道密尔是在美国工艺品和玩具行业的传奇人物。道密尔初到美国时，身上只有五美元。他住在纽约的犹太人居住区，生活拮据。然而，他对生活、对未来充满了信心。18个月内，他换了15份工作。

他认为，那些工作除了能果腹外，都不能展示他的能力，也学不到有用的新东西。在那段动荡不安的岁月里，他经常忍饥挨饿，但始终没有失去放弃那些不适合他的工作的勇气。

一次，道密尔到一家生产日用品的工厂应聘。当时该厂只缺搬运工，而搬运工的工资是最低的。老板对道密尔没抱希望，可道密尔却答应了。

之后，他每天都七点半上班，当老板开门时，道密尔已站在门外等他。他帮老板开门，并帮老板做一些每天例行的零碎工作。晚上，他一直工作到工厂关门时才离开。他不多说话，只是埋头工作，除了本身应做的事外，凡是他看到的需要做的工作，总是顺手把它做好，就好像工厂是他自己开的。

这样，道密尔不但靠勤劳工作，比别人多付出、多努力，学到了很多有用的东西，而且赢得了老板的绝对信任。最后，老板决定将这个生意交给道密尔打理。道密尔的周薪由30美元一下子加到了175美元。可是这样的高薪并没有把道密尔留住，因为他知道这不是他的最终目标，他不想为钱工作一生。

半年后，他递交了辞呈，老板十分诧异，并百般挽留。但道密尔有他自己的想法，他按着自己的计划向着最终目标前进。他想做基层推销员，他想借此多了解一下美国，想借推销所遇到的形形色色的顾客，来揣摩顾客的心理变化，磨炼自己做生意的技巧。

两年后，道密尔建立了一个庞大的推销网。在他即将进入收获期，每月将会有2800美元以上的收入，成为当地收入最高的推销员时，他出人意料地将辛苦开创的事业卖掉，去收购了一个面临倒闭的工艺品制造厂。

从此，凭着在以前的工作中学到的知识和积累的经验，在道密尔的领导下，公司改进了每一项流程，对很多存在缺点的生产工艺进行了一系列调整，人员结构、过去的定价方式都做了相应的改善。一年后，工厂起死回生，获得了惊人的利润。五年后，道密尔在工艺品市场上获得了极大的成功。

如果是一个纯粹为做事而工作的人，他绝不会放弃日用品工厂经理和推销员的职位，正是一颗想要做事业的心，成就了道密尔。

同一件事，对于工作等于事业者来说，意味着执着追求、力求完美；而对于工作不等于事业者而言，意味着出于无奈不得已而为之。

当今社会，轰轰烈烈干大事、创大业者不乏其人，而能把普通工作当事业来干的人却是凤毛麟角。因为干事创业的人需要有较高的思想觉悟、高度的敬业精神和强烈的工作责任心。

工作就是生活，工作就是事业。改造自己、修炼自己，坚守痛苦才能凤凰涅槃。这应当是我们永远持有的人生观和价值观。丢掉了这个，也就丢掉了灵魂；坚守了这条信念，就会觉得一切都是美好的，一切都那么自然。这样一想，工作就会投入，投入就会使人认真。同样，工作就会有激情，而激情将会使人活跃。

有一句话说得好："今天的成就是昨天的积累，明天的成功则有赖于今天的努力。"把工作和自己的职业生涯联系起来，**对自己未来的事业负责，你会容忍工作中的压力和单调**，觉得自己所从事的是一份有价值、有意义的工作，并且从中可以感受到使命感和成就感。

在一些人眼里，职业仅是谋生的手段。他们身在其中，却无法认识其价值，只是迫于生活的压力而劳动。他们轻视自己所从事的工作，自然无法投入全部身心。有许多人认为自己所从事的工作低人一等，在工作中敷衍塞责、得过且过，而将大部分心思用在如何摆脱现在的工作环境上，这样的人在任何地方都不会有所成就。

成功者从不在乎职业的高低贵贱，在他们眼里，任何一种职业都不仅是谋生的手段，而是一种与他们的人生命运紧密相连的事业，所以热情高涨，坚持不懈。

在他们看来，所有职业的运作本质都一样，那些看起来优雅和笨重的工作，背后经营的手法都差不多。

做事业是会带来丰厚回报的，而做事情则会耗费大量时间和精力，事情做得越多，越成就不了大事业。

做事业和做事情，差之毫厘，谬以千里。

任何正规的工作都可以做，就看你怎样去做，是把它当一件事情，还是当一项事业。每个人都应该有自己的创富计划，有自己追求的梦想，只有这样才能更好地实现自己的价值。

我们身边不乏这样的人，他们几乎每年都换一个工作，甚至一年换几个工作。只要每次新工作的收入比现在的公司高，就会欣然前往。虽然忙忙碌碌这么多年，虽然赚了些小钱，有了点积蓄，生活得到了些许改善，可是却一事无成，离成功的目标有很大的距离。

经济上的窘迫会促使人们做出急功近利的现实主义抉择。但一个想有所成就的人一定要在心中弄清楚：**自己适合做什么，哪个领域哪个岗位才是自己终生事业所在**。弄明白这个问题之后，我们应该选准一行坚定不移地做下去。也许在开始的时候或某些阶段，经济上的收益并不令人满意，但只要是兴趣所在，这一行真正适合自己，就应该不为眼前利益所动，咬牙坚持下去。

你今天所做的一切，都会成为明天成功的基础，你也会步入一条可持续发展的轨道。如此这般，日积月累，成功是必然的。它可能早一天来，也可能晚一个月到，但无论迟早，它肯定要来。

找平台去赚钱

平台是一个人赖以施展才能的地方,如果没有平台,再有思想的人,也只能望洋兴叹,感叹"英雄无用武之地"。因此,成功的人总会为自己找到或建立起一个实现目标的平台。

人不满足于自己的处境,往往不是因为一日三餐吃不饱,而是不甘心于被人支配,想拥有更多的资源,也想有更多的主导权。

有一个人一直想成功,为此,他做过种种尝试,但都以失败告终。为此,他非常苦恼,于是就跑去问他的父亲。他父亲是个老船员,虽然没有多少文化,但一直关注着儿子。他没有正面回答儿子的问题,而是意味深长地对他说:"很早以前,我的老船长对我说过这样一句话,希望能对你有所帮助。老船长告诉我,'要想有船来,就必须修建属于自己的码头'。"

人生就是这样有趣。做人如果能够抛弃浮躁,锤炼自己,让自己发光,就不怕没有人发现。与其四处找船坐,不如自己修一座码头,到时候何愁没有船来停泊。

人这一生,身份、地位并不会影响你所修建的码头的质量。恰恰相反,你所修建的码头的质量反而会决定到你这里停靠的船只。你所修建的码头的质量越高,到这里停靠的船只就会越好,而且你修建的码头越大,停靠的船只也就会越多。

所以,一定要努力为自己修建一座高质量码头,要让别人愿意跟随你。否则，只靠自己一双手，你就不可能获得大成功。

要想在生意场上出人头地，唯一的办法就是把"碗"做大。要不要把碗做大，是个战略问题；如何才能把碗做大，则是个战术问题。

法国商人帕克从哥哥那里借钱开办了一家小药厂。他在厂里负责生产和销售工作，从早到晚每天工作18个小时，然后把工厂赚到的钱积蓄下来扩大再生产。几年后，他的药厂每年有几十万法郎的盈利。

经过市场调查和分析研究后，帕克觉得当时药品市场发展前景不大，又了解到食品市场前途光明，因为世界上有几十亿人口，每天要消耗大量的各式各样的食物。

经过深思熟虑后，他毅然转让了自己的药厂，再向银行贷了一些钱，买下了一家食品公司的控股权。这家公司是专门制造糖果、饼干及各种零食的，同时经营烟草，它的规模不大，但经营品种丰富。

帕克掌控该公司后，在经营管理和营销策略上进行了一番改革。他首先将产品规格和式样进行扩展延伸，如把糖果延伸到巧克力、口香糖等多个品种；饼干除了增加品种，细分儿童、成人、老人饼干外，还向蛋糕、蛋卷等食品发展。接着，帕克在市场领域大做文章，他除了在法国巴黎经营外，还在其他城市设分店，后来还在其他欧洲国家开设分店，形成广阔的连锁销售网。随着业务的增多，资金积累更加雄厚，帕克随机应变，把周边国家的一些食品公司收购，形成更大的企业集团。

如果没有借钱开办那个小药厂，帕克也许还只是个普通职员。创建自己的平台，才能施展才华，走向成功。这是一个知识经济的时代，获得成功靠的是智力。

如果你想以最小的投资风险换取最大的回报，就得付出代价，包括刻苦学习，如学习商业基础知识等。此外，要成为成功的投资者，你得首先成为一个好的企业家，或者学会以企业家的方式进行思考。

如果你具备企业家的素质，就可以创建自己的企业，或者像成功者一样，能够带领企业发展壮大。

成功人士中约有80%的人都是通过创建公司，把公司当作平台而起家的。获得成功的要诀就是不仅要绞尽脑汁去生产最好的产品，还要集中精力去推动企业持续发展，以便你能在其中学会怎样成为一位卓越的企业家。

建立起一个平台，然后在这个平台上施展自己的才华，你很快就能成为成功者。

善于掌握商机

在这个变化快速、遍地商机的时代，每个人都渴望成功，借以提高自己的生活水准，或达到人生的目标。在这个日新月异的时代里，很多人由于观念落后、知识贫乏、缺少人脉等原因，难以发现并把握商机，而成功者则能把握财富增长的轨迹，沿着财富增长的路走下去，最终在创业发展的过程中赢得胜利。

对于李嘉诚这个名字，人们都不会陌生，但对于他经营财富的过程，可能不是很清楚。李嘉诚童年过着艰苦的生活。在他14岁那年，正逢国家战乱，他随父母逃往香港，投靠家境富裕的舅父庄静庵，但不幸的是不久父亲因病去世。

身为长子的李嘉诚，为了养家糊口决定辍学，他先在一家钟表公司打工，之后到一家塑胶厂当推销员。由于勤奋上进，业绩优秀，只用了两年时间便被老板赏识，升为总经理，那时他只有18岁。

1950年夏天，李嘉诚立志创业，向亲友借了几万元，加上自己的全部积蓄7000元，在筲箕湾租了厂房，正式创办"长江塑胶厂"。

有一天，他翻阅英文版《塑胶》杂志，看到一则不太引人注意的小消息，说意大利某家塑胶公司设计出一种塑胶花，即将投放欧美市场。李嘉诚立刻意识到，战后经济复苏时期，人们对物质生活将有更高的要求，而塑胶花价格低廉，美观大方，正合时宜，于是决意投产。他的塑胶花产品很快打入东南亚市场。同年年底，随着欧美市场对塑胶花的需求愈来愈大，长江塑胶厂的订单快速增长。到1964年的时候，李嘉诚已赚得数千万港元的利润，而长江塑胶厂更成为世界上知名的塑胶花生产商。不过，李嘉诚预料塑胶花生意不会永远看好，他更相信物极必反。于是急流勇退，转投生产塑胶玩具。果然，两年后塑胶花产品严重滞销，而此时长江塑胶厂却已在国际玩具市场大显身手，年产出口额达1000万美元。

随着财富增长，20世纪70年代初，李嘉诚拥有楼宇面积共630万平方英尺。1990年后，李嘉诚开始在英国发展电信产业，组建了Orange电信公司，并在英国上市，总投资84亿港元。到2000年4月，他把持有的Orange四成多股份出售给德国电讯集团，作价1130亿港元。Orange是1996年在英国上市的，换言之，李嘉诚用了短短三年时间，便获利逾1000亿港元。

从这个故事中，我们清楚地看到，财富的增长，很大程度上取决对机遇的识别与把握，不断地进行投资，同时也要把握住不同的机遇。

财富就像一颗种子，你努力播下种子，认真培育小树苗，它就会让财富之树长大，你就能采摘到丰硕的果实。

打造个人财务方舟

如果你想实现财富自由，你就必须明白资产和负债的区别，这是首先要明确的规则，了解它可以为我们打下牢固的财务基础知识。这是一条规则，听起来似乎太简单了，但很多人不知道这条规则有多么深奥，他们因为不清楚资产与负债之间的区别而苦苦挣扎在财务问题里。

大多数情况下，这个简单的思想没有被大多数人掌握，因为他们有着不同的教育背景，难点就在于很难要求这些成年人放弃已有的观念，变得像孩子一样简单。

是什么造成了观念的混淆呢？或者说为什么如此简单的道理，却难以掌握呢？为什么有人会购买一些其实是负债的资产呢？答案就在于所受教育和个人认知的影响。

我们通常非常重视"知识"这个词而非"财务知识"。而一般性的知识是不能定义什么是资产、什么是负债的。实际上，如果你真的想被弄昏，就尽管去查查关于"资产"和"负债"的解释吧。用一句话概括出来，其实**资产就是能把钱放进你口袋里的东西，负债是把钱从你口袋里取走的东西**。

有一对年轻的美国夫妇，随着收入的增加，他们决定去买一套自己的房子。一旦有了房子，他们就得缴税——财产税，然后他们买了新车、新家具等，和新房子配套。最后，他们突然发觉已身陷抵押贷款和信用卡贷款的债务之中。

他们落入了"老鼠赛跑"的陷阱。不久孩子出生了,他们必须更加努力地工作。这个过程继续循环下去,钱挣得越多,花销越来越大,税缴得也越多,他们不得不最大限度地使用信用卡。这时一家贷款公司打电话来,说他们最大的"资产"——房子已经被评估过了,因为他们的信用记录非常好,所以公司可提供"账单合并"贷款,即用房屋作抵押而获得的长期贷款,这笔贷款能帮助他们偿付其他信用卡上的高息消费贷款,更妙的是,这种住房抵押贷款的利息是免税的。他们觉得真是太幸运了,马上同意了贷款公司的建议,并用贷款还清信用卡。他们感觉松了口气,因为从表面上看,他们的负债额降低了,但实际上不过是把消费贷款转到了住房抵押贷款上。他们把负债分散在30年中支付了。

过了几天,邻居打电话来约他们去购物,说今天是阵亡将士纪念日,商店正在打折,他们对自己说:"我们什么也不买,只是去看看。"但一旦发现了想要的东西,他们还是忍不住用那刚刚还清了的信用卡付了款。

现在有很多这样的年轻夫妇,虽然他们名字不同,但财务困境却是如此相同,他们的支出习惯让他们总想寻求更多的钱。

他们甚至不知道他们真正的问题在于他们选择的支出方式,这是他们苦苦挣扎的真正原因。而这种无知就在于没有财务知识以及不理解资产和负债之间的区别。

再多的财富也不能解决他们的问题,除了改变他们的财务观念和支出方式以外,再没有什么其他办法了。

正确的做法是不断把工资收入转化成投资。这样流入资产项的钱越多，资产就增加得越快；资产增加得越快，现金流入得就越多。只要把支出控制在资产所能够产生的现金流之下，我们就会增加财富，就会有越来越多除自身劳动力收入之外的其他收入来源。

过去，一个家庭的收入来源很单一。现在，很多家庭都有两个或两个以上收入来源，如固定工资加房屋出租的租金收入，或其他兼职收入。如果没有两个以上的收入来源，再加上消费习惯不好的话，很少有家庭能生活得非常安逸。

你拥有几种收入来源呢？

假如你想多拥有一种收入来源，你可能会找一份兼职工作，但这并不是真正意义上的多种收入来源。因为这依然是工资收入，而且你延长了自己的工作时间。

这个收入来源就是"多次持续性收入"。这是一种循环性收入，不管你在不在场，有没有进行工作，都会持续不断地为你带来收入。

一般性收入来源可以分为两种：单次收入和多次持续性收入。

有研究表明，并非所有收入来源都是相同的，有些收入来源属于单次收入，有些则属于持续性收入。你只要问一下自己下面这个问题，就可以知道自己的收入来源是单次收入，还是多次持续性收入。

你每个小时的工作能得到几次货币给付？如果你的答案是"只有一次"，那么你的收入来源就属于单次收入。

最典型的就是上班族，工作一天就有一天的收入，不工作就没有收入。自由职业者也是一样，比如网约车司机，出车就有收入，不出车就没有；有些演员要演出才有收入，不演出就没有；包括很多企业的老板，他们必须亲自工作，否则企业就会跑单，甚至会垮掉，这些都叫单次收入。

多次持续性收入则不然，在你经过努力创业，等到事业发展到一

定阶段后,即使有一天你什么也不做,仍然可以凭借以前的付出继续获得稳定的经济回报。要想获得多次收入,通常有以下几种方式:

第一种方式,以一个作家为例,他在写书期间一分钱都赚不到,而是要等书出版后才会有稿酬。这前后一般需要一两年的时间,作家才能获得这个收入来源。但是,这种等待是值得的,此后如果作品实现持续销售,作家每半年就会收到出版社支付的版税。这就是持续性收入的威力——持续不断地把钱送入你的口袋。

第二种方式是银行存款。存款达到一定数额,你不用上班靠利息也能生活。利息属于典型的多次收入,但是银行存款的利率较低,你想每个月拿到几千元,本金就要足够多。

第三种方式是投资理财。就是通过购买股票、基金、房地产等使你的财富升值。但这首先需要你有一笔很大的资金,而且还需要非常专业的机构帮你运作,才能确保你的投入产生稳定的经济回报。

第四种方式是特许经营。像麦当劳、肯德基的老板即使什么都不做,每个月也能够获得全球所有加盟店营业额的一部分作为权益金。因为你加盟了他们,就得向他们缴管理费。

其实,一个成功者真正的财富,不在于他拥有多少金钱,而是他拥有时间和自由。因为他的收入来源都属于持续性收入,所以他有时间去做自己喜欢的事。

因此,财务自由不在于拥有多少钱,而是拥有花不完的钱,至少拥有比自己的生活所需更多的钱。金钱数量的多少并不是问题的关键,问题的关键在于,我们怎样看待金钱,怎样根据自己的收入制订合理的开支计划。在获得财务自由的同时,我们还应关注精神境界的提升,获得心灵的宁静平和与满足感。

流动的资金才能创造价值

财富的积累需要储蓄，但如果一直储蓄，不思投资，那么钱就成为死钱。你虽然不会为没钱生活而忧虑，但你也永远不能实现财富价值最大化。资金就像水一样，只有流动起来了，才能创造更多的价值。

不少人认为钱存在银行能赚取利息，能享受到复利。事实上，较低的利息在通货膨胀的侵蚀下，实质报酬率接近零，等于没有理财。

每一个人最后能拥有多少财富，是难以预料的事情，唯一可以确定的是，资金只有流动起来才能创造价值。将自己所有的钱都存在银行的人，财富增加的速度相对较慢，常常连财务自主的水平都无法达到，这种事例在现实生活中并不少见。选择以银行存款作为理财方式的人，主要是让自己有一个很好的保障，但事实上，把全部资金长期存在银行里并不是明智的理财方式。

一次，卡耐基的邻居——一名老妇人把卡耐基叫到她的家中，央求他为自己办点事。

卡耐基说："老人家，您有什么需要我帮助的，尽管说吧！"

老妇人说："卡耐基先生，我知道，你是一个诚实的好人，我信任你。请你进来吧，跟我过来。"

她掏出钥匙，打开卧室的门。这间卧室简直就是一间密室，没有窗，只有一个窄窄的窗洞，门也很厚，关得严严实实的。

卡耐基随着老人进到这间密室，不知道这位神秘莫测的老妇人要做什么。老妇人锁上卧室的门，弯腰从床底下拖出一只皮箱。她打开皮箱的锁,掀开盖子。

卡耐基定睛一看,满满一箱钞票!

"卡耐基先生,"老妇人说,"这是我先生留给我的钱,一共是10万美元,全是50元一张的钞票,应该是2000张。可是,我昨天数来数去,就只有1999张。是我人老了,没数对呢,还是真的少了一张呢?如果是真的少了一张,那就奇怪了,我从来没有拿出过一张钞票的。卡耐基先生,我请你来,是想请你帮我数一数。谁都不知道我私下藏了10万美元,我相信你,所以请你来帮我这个忙……"

卡耐基感到非常惊诧。

忙了老半天,钞票终于数完了,正好是2000张,10万美元。老妇人高兴得像个小姑娘似的跳了起来。

卡耐基抹了抹额头上的汗,说:"老人家,您这么一大笔钱,为什么不存到银行呢?存起来的话,每年的利息就有几千美元!"

老妇人沉默不答。

"像这样放在家里,反而让您提心吊胆。"卡耐基继续对她做思想工作,"如果存到银行里,不必担心会少了一张或几张,既安全,又有利息。"

老妇人心动了:"那就委托你去给我存上吧!"

等到卡耐基把存折给老妇人拿回来,老妇人把存折凑到眼前仔仔细细地看,见那上面有一行数字。

"这个小本子就是10万美元吗?10万美元,一整箱崭新的钞票就换来这么一个小本子吗?"老妇人嘀咕着。

没过两天,老妇人把卡耐基请了过去。她拿着那个存折说:"卡耐基先生,这个存折轻飘飘的,我心里怎么也不踏实。这不会是骗局吧?"

卡耐基说："老人家，这不碍事的……"

老妇人接着说："唉，卡耐基先生，我真是放不下这颗心。我看不到我的钱，就觉得好像没有了似的。不瞒你说，以前我每天都要把那10万美元现钞数上一遍的。两天没数我的钱了，我都手痒难耐啦！卡耐基先生，再劳驾你一次，你去银行把现款给我取出来吧！"

卡耐基无可奈何，只好照办了。

老妇人的那笔钱一直存在她的密室里，那些钱就永远也不会增加，活钱变成了死钱，就像活水变成死水一样。

一位企业家对资金做过生动的比喻："资金对于企业如同血液与人体，血液循环欠佳导致人体机理失调，资金运转不灵造成经营不善。如何保持充分的资金并灵活运用，是经营者不能不注意的事。"这话说明了资金流动可加速创富的深刻道理。

有的人，初涉商场比较顺利地赚到一笔钱，就想打退堂鼓，或把这一收益赶紧投资到家庭建设之中，或把钱存到银行吃利息，或一味地等靠比较稳妥生意，避免竞争带来的风险，而不想把已赚得的利润拿去投资赚钱，更不想投资到带有很大风险性的生意之中，从而把本来可以活起来的资金封死了，不能发挥更大的作用。

杰克早年并不富有，他家生活很艰难，但即使经济不宽裕，他的母亲总是尽一切力量给他特别的照顾。无论何时她有了额外收入，她一定会为孩子们买点什么。也许为杰克买一个新游戏机，或者带他们去看电影。由于孩子们通常消耗的只是生活所需，所以杰克想这也许就是母亲给自己带来快乐的方式。杰克认为，他们总是一有了额外的钱就把它花掉，因此他们从来没有多余的钱可以存下来。

当杰克开始挣钱自给自足的时候，他注意到一些奇怪的现象。即使他的钱足够支付生活开销，但是似乎每到月底仍然是一毛钱不剩。

杰克第一次想投资置产，他知道他至少需要三万美元的现款，但杰克一辈子也没有存过那么多钱。所以他订出一个时间表，想在六个月以内存够钱，一个月要5000美元才行。这个数目似乎很遥远，但是杰克凭着信心开始了。

你家里有没有一个专门放账单的篮子或是抽屉？一个你可能一个月会去看一次然后准备付钱的地方？杰克就有。每个月5000美元的存款看起来似乎很难达成，事实上，在最初一两个月杰克试着不做过多思考。不过他还是照计划执行，并且试试看有什么其他方式，可以确保这笔额外的"账单"可以和其他账单一块付清。

一件有趣的事发生了。因为杰克专心赚钱攒钱并且要保住他赚到的5000美元，他开始留意一些他以前没有注意的机会。他也想到，现在由于他必须要有额外收入，他就在从事的工作上投入多一点精力、多一点创造力。他开始冒比较大的风险，他需要客户为他的服务支付更多的费用。他为他的产品开拓新市场，他找到利用时间、金钱和人力的方法，以便在较少时间内做完更多的事情。

人的生命在于运动，财富的生命也在于运动。金钱可以是静止的，而资金必须是运动的，这是市场经济的一般规律。资金在市场经济的舞台上害怕孤独，不甘寂寞，需要明快的节奏和丰富多彩的生活。把赚到的钱存在手中，把它静置起来，不如合理的投资更有价值，也更有意义。

创业者最初不管赚到多少钱，都应该明白俗话中所讲的"**家有资财万贯，不如经商开店**"，以及"**死水怕用勺子舀**"这个道理。生活中人们都有这样的感觉，钱再多也不够花。为什么？因为"坐吃山空"。试想，一个雪球，放在雪地上不动，它永远也不可能变大；相反，如果让它在雪地上滚起来，就会越来越大。钱财亦是如此，只有流通起来才能赚取更多的利润。

第 7 章
利用财富雪坡：
让雪球自动越滚越大

资金的时间价值

资金的时间价值，是指一定量的资金在不同时点上的价值量的差额。例如，如果你以银行按揭贷款的方式买房或购车，当你还款结束时，你所支付的货币资金之和，将大于当初你从银行取得的贷款。我们将多支付的这部分资金称为利息，而利息的存在，则部分反映了资金的时间价值。

资金为什么会有时间价值，我们可以从两方面进行理解：一方面，随着时间的推移，资金的价值会增加。这种现象叫资金增值。从投资者的角度来看，资金的增值特性使资金具有时间价值。另一方面，资金一旦用于投资，就不能用于现期消费，牺牲现期消费的目的是能在将来得到更多的消费，这也是一种机会成本。因此，从消费者的角度来看，资金的时间价值体现为对放弃现期消费的损失所做的必要补偿。

资金的时间价值，有大有小，而这取决于多方面，从投资者的角度来看主要有：

一是投资利润率，即单位投资所能取得的利润。

二是通货膨胀，即对因货币贬值造成的损失所做出的补偿。

三是风险因素，即因风险的存在可能带来的损失所做的补偿。

具体到一个企业来说，由于对资金这种资源的稀缺程度、投资利润以及资金面临的风险各不相同，相同的资金量，其资金时间价值也会有所不同。

财务环节都在强调应收账款中回款的重要性，其中的重要原因是资金对于企业来说具有极大的时间价值，而不仅仅是以按照银行利率所计算的资金占用成本所能够弥补的。

在现实中我们经常会发现，一方面我们存在大量资金（应收账款）被外单位无偿占用的情况，另一方面一些收益丰厚的项目却无钱可投，所遭受的损失是该项投资的收益，以及占用时间内的通货膨胀率等，都是该笔应收账款的时间价值。

同时，应收账款没有及时回收还存在一定的风险性。应收账款作为一项被外单位占用的资产，在收取款项上债务人比债权人具有更大的主动权。应收账款的这种不易控制性，决定了应收账款不可避免地存在一定的风险，这种风险同样是其时间价值的构成因素。

对于企业而言，企业的盈利是靠资金链一次一次地形成和解脱积累形成的。在每一次有利可图的情况下，循环的时间越短越好。要实现利润的最大化，企业追求的应是资金循环的每次效益与资金循环的速度之积最大。

然而，如果企业存在大量应收账款，必然使企业的资金循环受阻，大量的流动资金沉淀在非生产环节，不仅使企业的营业周期延长，也会影响企业的正常生产经营活动，甚至会威胁企业的生存。特别是对于小微企业，由于银行融资相对困难，一旦出现应收账款迟迟不能回的情况，便很有可能导致资金链断裂，这时即使企业拥有良好的盈利能力，其生存也会受到严重影响。

不少企业的眼光只是盯住了利润，殊不知资金回款的及时性同样关系着企业的生存。作为创业者必须要明确，资金的时间价值绝不仅仅是银行贷款利率所能够完全揭示的。

避免急功近利的短期操作

索罗斯被认为是短期投资的高手，这往往给别人一种印象，认为索罗斯是标准的投机客，一定很缺乏耐心，专走短线。这其实是一种误区，他的确擅长短线投资，但是他也关注长期投资。

在投资市场上，需要的是稳健的长期投资，急功近利只会使投资者承担的风险更大。急功近利的短期炒作也许能赚到一点小钱，但却无法实现长期盈利。

短期炒作的关键在于快进快出，在频繁的交易中迅速地赚取差价。并不是说完全要杜绝短期操作，但在短期操作中盈利，这要求操作者的技术水平非常高。影响股价的因素千变万化，有宏观的、微观的、国内的、国外的。在错综复杂的情况下，任何一个不期而至的消息，都有可能彻底改变股市的走势。假如投资者稍有疏忽，就会掉入股市的陷阱，最终前功尽弃，甚至是血本无归。

短期炒作有其弱点，表现为投资是依靠复杂的分析和抉择的过程，在做每一项投资决策前，投资者需要从产品、市场、企业、政策等制约股价走势的各方面进行考虑，这需要相当多的时间和精力。要想在短时间内做出周全的考虑几乎不可能，既要频繁进出，又想不耽误日常的事务，必然会难以兼顾。股票投资的最大错误就是幻想着市场会跟自己的意愿运行，万一出现跟意愿背离的走势便没有资金和时间去降低亏损了，导致投资者越陷越深，最后彻底被套牢。

从理论上讲，投资者想要通过短线投资取得良好的收益，必须具备以下条件：一是要准确把握住出入市的时机；二是要跟上市场热点的切换；三是信息要及时、准确；四是要有足够的时间投入。

但现实是，大多数人还是选择了短期炒作。分析这一原因，就会了解到，很多投资者对股市有着极大的恐惧心理，他们认为股市是变化万端的，比如他们在短期内获得一些利润的时候，就会被一种患得患失的心理左右着，这种情绪使他们昼夜难安，始终处于反复的衡量和思考中。在这种情绪的影响下，他们往往会抛售股票，以达到规避风险的目的。在他们看来，运用短线操作或者是在股市中频繁出入，是风险最低的投资方式。

事实的确如此，如果对某只股票缺乏足够的认识，那么这种心理就是自然而然的。索罗斯分析，在实际的投资市场上，投资者由于对投资风险的无知造成对市场的恐惧，时刻对市场充满担心。所以，短线投资的结果往往是，使投资者对市场整体的把握出现偏差，导致产生买在高处和卖在低处的问题，使最终的利益受损。

不单是索罗斯，在其他投资大师们眼中，短期炒作都应该是投资者尽量避免的行为。巴菲特对短期投资就给出了这样的忠告："没有任何一个投资者能够成功预测股市在短期内的波动走向，对股市的短期波动进行预测是一种幼稚的行为，投资者应当尽量避免这种投资方式。"

当然，我们也不能走向另一个极端，短线炒作就完全不可取吗？不是这样的。要想通过短线操作的方式来获取收益，强势股就成了首选，只有强势股才能给短线操作赢得获利空间，但从价值角度来看，那些强势股票的价格已经远远超出其内在价值，越过安全边际的防线，这需要承担更大的风险。如果出现意想不到的利空时，强势股下行空间远远大于在安全边际附近的弱势股，投资者便会在炒作过程中不知不觉地被套牢。

不过，也有投资者认为，短线操作的利润率比长期投资要高。他们把这种短期利润看作是成功的标志，甚至标榜自己的能力超过索罗斯和巴菲特。事实上，超过索罗斯和巴菲特的投资者恐怕并不多。

很多投资家都反对短期炒作行为，认为这是对市场没有益处的做法。一个真正懂得投资的投资者，从来不去追逐市场的短期利润，也从不因为某一个企业的股票在短期内出现涨势就去跟进。索罗斯告诫投资者说："希望你不要认为自己拥有的股票仅仅是市场价格每天变动的凭证，而且一旦某种经济事件或者政治事件使你焦虑不安就会成为你抛售的对象。相反，我希望你们将自己想象成为公司的所有人之一。"这个忠告给广大投资者以极大的提醒和震撼。

避免急功近利的短期操作，这需要建立在对投资十分了解和胸有成竹的基础上，它能够帮助你在投资市场上培养出冷静理智的投资心理，以应付不断变化的市场。

复利是投资成功的必备利器

复利的通俗说法就是利上加利，是指一笔存款或投资获得回报之后，再连本带利进行新一轮投资的方法。复利的计算是对本金及其产生的利息一并计算，也就是利上有利。本利和的计算公式是：

投资终值 =P×（1+i）n

其中 P 为原始投入本金，i 为投资工具年回报率，n 是指投资期限长短。

有一个古老的故事，说的是印第安人要想买回曼哈顿市，到2000年1月1日，他们得支付2.5万亿美元。而这个价格正是1626年他们出售的24美元价格以每年7%的复利计算的价格。在投资过程中，没有任何因素比时间更具有影响力。时间比税收、通货膨胀及股票选择方法上的欠缺对个人财产的影响更为深远，要知道时间扩大了那些关键因素的作用。

以股市投资为例，如果投资者以20%的收益率进行投资，初始投资额为10万元，来看一下他的赢利情况。

年份	资金额（万元）	累计收益率（%）
1	12	0.2
2	14.4	0.44
3	17.28	0.728
4	20.73	1.07
5	24.88	1.488
6	29.8	1.98
7	35.83	2.58
8	42.99	3.29
9	51.59	4.15
10	61.9	5.19
11	74.3	6.43
12	89.16	7.91
13	106.99	9.69
14	128.39	11.8
15	154	14.4
16	184.8	17.48

上面我们计算了以10万元作为投资基数，投资16年的收益情况，如果平均一下，这16年的年收益率达到109%。假如你现在30岁，

按40年的投资时间算，仍然按照目前的收益率，从10万元开始算，那40多年后的收益将会是相当可观的。

再假如，如果你的初始投资额为10万元，你的年收益率是30%，持有16年后，你的资金额为678.4万元，假如再投资40年就是2450.3亿元，这看起来不可思议吧。

但问题在于，很少有人有这个耐心。你要坚持投资几十年，这期间肯定绝大多数投资者会出现一些情况，比如消费需要、犯错误。此外寻找长期收益率超过30%的投资业务也是很困难的一件事。

也许有人会质疑，短线投机的复利力量不是更大吗？答案是肯定的，但前提是你的短期投机的次数要足够少，失败的损失要足够小，但是市场是很难预期的，而短线却恰恰依赖于精确的判断。

观察每天的投资行情，我们只能靠企业的成长获得可靠的收益，忽略中间的过程，只重视结果。所以，短线投资者大部分都是不赚钱的，而价值投资者却往往领先于这些短线投资者。

如果是一个刚参加工作的年轻人，每年节省下来几万块钱，放在比较稳健的长线投资里，在复利的作用下，就能使这个人在中年或老年时轻松积累巨额的财富。如果他能够每年多投入几千元，那么退休时的财产积累将会更多。如果通过个人财富管理能够多获得几个百分点的收益率，最终他的财富将成倍增加。

复利的关键是时间。投资越久，复利的影响就越大。而且，越早开始投资，你从复利中赚得就越多。所以，只要拥有耐心、勤勉的投资努力，任何人都能够走上致富之路。

定期定额的投资方法

定期定额投资（简称定投），是指定期以约定的全额进行投资，它的最大好处是平均投资成本，避免选时的风险。通过定期定额投资计划购买标的可以聚沙成塔，在不知不觉中积攒下一笔不小的财富。定期定额的投资方式，因为简单不复杂，因而被人称为"傻瓜投资术"。即使是这种"傻瓜投资"，实际上也没有大家理解中的那么简单，有不少投资窍门可以提高投资效率与报酬率。

一提到定投，人们首先想到的是基金。但事实上，除了基金之外，不少理财产品都已成为定投的对象。比如储蓄，把满足平时生活必要支出之外的钱积攒下来，以小变大，在获得利息收益的同时，还可以通过定投养成良好的投资习惯。以储蓄投资来说，储蓄的方式不仅有定期储蓄，零存整取储蓄、定活两便等也都可以成为定期定额投资的方式。

保险投资也可用于定期定额投资，如寿险有三种定投的类型，它们分别为：寿险储蓄型、寿险保障型、寿险分红型。可根据自身及家庭的风险偏好程度选择不同的寿险产品，寿险产品中既有养老医疗保险，还有子女教育、婚嫁、创业、投资等产品，产品种类丰富，有利于我们进行定期定额投资，而不必费太多的心思。

再比如我们所熟悉的基金定投。开放式基金具有专家理财、组合投资、风险分散、回报优厚、套现便利的特点，定期定额投资开放式基金对于一般投资者而言，不必筹措大笔资金，每月拿出一点闲散资金投资，不会造成经济上额外的负担。当基金净值上涨时，买到的基金份额较少；当基金净值下跌时，买到的基金份额较多。这样一来，"上涨买少，下跌买多"，长期以来投资者就可以有效摊低成本。

房产投资也有定投的影子。如今，利用房产的时间价值和使用价值获利的投资方式已逐渐被人们所接受，通过银行按揭贷款为家庭购置房产，每月缴纳一定的贷款本息，也可以算是一种不错的定期定额的投资方式。这种投资方式需要注意两点事项，其一房产不能购置太多，一个家庭有两套房产比较适宜，自己住一套，一套用于投资。因为不动产投资变现能力较差，投资成本很高，贷款所缴纳的利息很多，所以适合有经济实力的投资者做中长期投资。其二房产投资应考虑市场价格、地理位置、周围环境、开发商资质、施工质量、配套设施、升值空间、租赁价格、利息支出等诸多因素，它同时面临投资风险、政策风险以及经营风险。

我们在投资时，一般都会考虑投资时点，而定投相对而言，不用过分考虑投资时点，只要对市场前景看好，就可开始投资，将人为主观判断的影响降到最低。定投的收益有复利效应，本金所产生的利息加入本金继续衍生收益，随着时间的推移，复利效果更加明显。定投适用于长期理财目标，充分体现投资的复利效果，在制定退休养老、子女教育等长期理财规划时，定投可以作为较为理想的投资方式。在投资市场上，一些商业银行推出的理财产品已经具备了这一特点，还采取了更加灵活的投资方式，可以自动依据客户指定的日期、指数、均线，按照一定比例的金额进行每月定投申购，既提升定投申购的功能，又提高投资的效率。

定期定额投资可有效克服投资者对市场震荡的焦虑。很多投资者往往是在市场最火热的阶段大量买进，而在市场最低迷的时候斩仓出局。"追涨杀跌"已经成了家常便饭，往往陷入投资亏损而影响心情乃至生活。而如果采用定期定额的投资方法，只需要每个月固定投资一笔钱在一个定投组合上，市场上涨时，定投会帮我们减少投资的份额，克服人们潜意识里的贪婪；市场下跌时，定投会帮助我们增加投资的份额，克服人们潜意识里的恐惧。假如市场真的是不可预测的，那么用这种方法没准可以帮助我们捕捉到市场平均成本。假如投资者坚信市场的中长期趋势是向上的，如果我们能在一个估值相对合理的区域开始定投，然后经历市场低估、反弹，最后再在市场高估时选择抛出。那么，更高收益也并不是一件遥不可及的事情。

虽然说定期定额投资具有稳定性，但是当市场不好时，定期定额投资的绩效难免受到影响，尤其是投资人若累积的时间不够长，或市场长久处于表现不佳的情况下，定期定额投资的基金还是会被套牢。这种情况下是应该继续坚持，还是应该转移市场呢？这是很多投资者心中的疑问，尤其是看到收益率连续几个月都是负数时更焦虑。

这时，可以先弄清以下问题再来确定怎么做：

第一，市场是否处于空头趋势。若是空头趋势，所有的投资资金都有可能面临套牢命运，投资者可暂时停扣，但是没有必要转换投资品种从头开始。若为多头趋势修正，表示市场仍处于多头，投资者若因为一时的套牢就停扣，将非常可惜。

第二，该投资产品的基本面。若所投资的产业或区域的股市下跌，属于良性修正，基本面未转坏，投资者应该持续扣款，甚至把握机会利用单笔加码买进。反之，若是基本面出了问题，这时候投资者才应该考虑把手上的套牢投资资金，转换到其他未来更具有上涨潜力的投资产品上。

持有时间决定获利概率

优秀的投资者不必进行频繁的操作，他们照样能投资获利。喜欢频繁操作的投资者，在做出投资决策时要么考虑不周，对自己的决策信心不足；要么心理素质不高，容易被外界因素干扰，甚至怀有"这山望着那山高"的侥幸心理。

频繁的操作会给投资带来很多麻烦，甚至会导致整个投资的失败。市场中很多投资者，原本对市场走向判断准确，并且及时出手，抓住了不错的投资机会，却因为频繁地进出市场，而无形中提高了成本，没能获得本应到手的利润。

不少投资者容易被市场的价格波动所左右，频繁地买进卖出。更有投资者盲目将频繁的买卖操作当作具有高超投资技巧的一种表现。事实上正相反，频繁的操作正彰显了投资者缺乏经验。

其中最为明显的害处就是，频繁的操作会提高投资成本。在金融市场上进行投资活动，毫无疑问，每一个投资者的最终目的都是获取利润。为了利润的最大化，投资时花费的成本当然要尽可能地压低，这是所有投资者的共识。

遗憾的是，许多投资者在进行实际操作时，根本没有意识到节约成本的重要性。许多投资者在进行投资之前都会绞尽脑汁去思考如何降低投资成本，可一旦进入市场，就完全被上下波动的价格走势所左右，将之前计划的成本预算抛诸脑后，不停地围绕着价格进行频繁的买卖操作。他们就在这种无意识的行为中，把本应收获的利润，交给了证券经纪人。当投资结束，投资者想当然地认为自己获利颇丰，却在最终交割清算时发现,自己获得的投资收益仅仅够支付交易税款和交易佣金,真正到手的实际利润大打折扣。

作为一名精明的投资者,会在进行投资决策之前对所要花费的成本进行周密的计算,当然也包括交易成本。所以,每次投资他都会尽量减少操作次数,以避免支付过高的交易费用。每次进入市场,投资者都应仔细分析,绝不能只看着市场行情走好就贸然进入。而即便是他已经找好了投资对象,制定好了投资策略,他也会耐心等待最好的投资价位,在行情到达了最合适的价格时果断出手。在他认为最佳的退出时机到来之前,他绝不会被市场正常的波动所干扰,而是静静观察市场走向,绝不贸然行动。在索罗斯的投资生涯中,大多数时候他只进行三次操作,一次用少量的资金探明市场走向,一次大量买进等待获利,最后一次获利了结退出市场。这样简单且没有重复性的操作,可以把交易成本压到最低,避免一些不必要的损失,使利润达到最大化。

除了提高投资成本,频繁的买卖操作还有另一个很大的危害,那就是会导致投资机会的错过。金融市场时刻处于波动之中,要掌握一次真正的投资机会并不容易。所以,相比于交易成本的提高,失去一次不错的投资机会更不能被投资者所容忍。频繁的操作很可能会将原本的投资计划和投资项目全盘打乱,投资者会在频繁的操作中变得患得患失,只顾时刻盯紧证券价格的变化,而忽视了更重要的因素,平白丧失了获利机会。例如有许多投资者经过长时间的分析研究才找到一个好的投资机会,却往往由于在投入资金以后,对证券价格的变化太过敏感,一见有亏损便采取了止损手段,或是在获得了少量收益后就了结退场。这些正是习惯于频繁操作的投资者容易犯下的错误。

很多投资者常常是在投资项目小幅升值以后,就开始害怕市场回调，损失已经到手的利润，于是将其持有的证券轻易卖出，觉得这样就可以先小赚一笔利润，同时还可以等价格降低以后再重新投入资金。可市场往往不会给他们第二次机会，价格并没有像他们预想的那样回落，而是在他们卖出以后持续走高。此时如果追高买入，就提高了成本，不但没能赚钱，反而可能会出现亏损；如果死等价格回调，更可能就此失去这次投资获利的机会。

短线交易的难度其实大于长线投资，即使运气好，也不过是挣点蝇头小利。因为投资者缺乏足够的定力，常常在买进之后就匆匆卖出，然后再去寻找另外一只股票继续做短线投资。市场上经常可以见到的景象是，某位投资者在卖掉一只股票之后，它的价格很快就开始上涨，然后他就只能对着这只股票懊悔不迭。经过几次这样的交易后，投资者损失的不仅是本金和交易成本，还有投资股票的信心。

同时，频繁地进出操作还会牵制住投资者过多的时间和精力，使他们无暇顾及市场中的其他机会。优秀的投资者深谙这一道理，所以他们总喜欢将资金一次性大量投到看好的投资对象上，然后就静待最佳退出时机的到来。在等待的时间里，他们从不会花心思去重复买卖，而是密切关注市场中其他的投资机会。

不少投资者都愿意长期持有某项投资品，关于这点，巴菲特这样解释说："如果你在一笔交易中挣了125美元然后支付了50美元的佣金，你的净收入就只有75美元。然而如果你损失了125美元，那么你的净损失就达到175美元。"

因为如果你全部的短期投资中只有一半能够赢利，那么你很可能由于佣金和交易费用的原因在长期中损失自己的全部资金，短期投机交易就失去了它身上的光环。人们已经完全明白骰子只能用于娱乐，你永远也不会通过掷骰子来赚钱。然而依靠时间，却能大大提高你的获利概率，为什么不这么做呢？

从上面这个现象可以看出如果投资者想通过短期交易获得8%的收益率的话，必须要有三次成功的交易才能弥补上一次的失败交易。意思就是，短期投资者必须保证75%的交易是成功的才不至于亏损，可见这个概率有多小。因为股票市场是完全随机无法预测的，就像掷硬币游戏出现正面和反面的概率是一样的，下一桩股票交易的价格上升还是下降的概率也几乎完全一样。

巴菲特半开玩笑地说，美国政府应该对持有股票不超过一年的资本交易征收100%的税。"我们大多数的投资应当持有多年，投资决策应当取决于公司在此期间内的收益，而不是公司股价每天的波动。"

巴菲特曾经形象地说："考虑到我们庞大的资金规模，我和查理还没有聪明到通过频繁买进卖出来取得非凡投资业绩的程度。我们也并不认为其他人能够这样像蜜蜂一样从一朵小花飞到另一朵花来取得长期的投资成功。我认为，把这种频繁交易的机构称为投资者，就如同把经常体验一夜情的人称为浪漫主义者一样荒谬。"

在金融市场上，有一个非常普遍的现象，就是常赚钱者不常操作，常操作者不常赚钱。索罗斯也说过这样一句话："在投资领域，工作量和成功恰好成反比。"这句话包含两层意思，一层是等待投资时机时要有耐心，要经受住时间的考验；另一层就是在投资时要减少操作次数，不要贸然进出市场。所以，频繁操作是投资者的大忌，一定要尽量避免。

专注于自己的投资目标

有句谚语是这么说的:"**智慧的人把复杂的事情做简单,愚蠢的人把简单的事情弄复杂。**"其实投资市场并没有想象的那么复杂,人生要想获得财富上的成功,必须专注于自己的投资目标,往往最简单最直接的方式是最有效的。

哥伦布发现了一个新大陆,当时有很多人都跑来向哥伦布表示祝贺。皇室也特意为哥伦布举办了盛大的庆功宴,请他讲述探险中的一些故事,大家都围坐在一起津津有味地听着,这时一个嫉妒哥伦布的大臣不屑一顾地揶揄道:"哼,地球是圆的,任何一个人只要坐船去航行,就可以达到大西洋的那一端,都能发现新大陆,这有什么值得奇怪和炫耀的?"另外几个大臣也随声附和,觉得这位大臣说得有道理,宴会的气氛有些尴尬。

这时,哥伦布的支持者和朋友都为哥伦布辩解,他们知道航海旅行远没有嘴上说的那样轻巧,而是困难重重,不是每个人都可以做到的,但是他们还没开口,哥伦布已经叫人去拿了几个煮熟的鸡蛋过来。

哥伦布把鸡蛋放在大厅的饭桌上,然后邀请刚才对他表示怀疑的几个大臣一起来做一个简单的游戏,人们聚集在他们周围。哥伦布说:"这个游戏其实很简单,只要你们谁能把鸡蛋竖在桌面上,谁就是胜利者。"大臣们试验了好几回,每次鸡蛋都无法立起来,他们认为这根本就是不可能的事情,鸡蛋根本就无法立在桌子上。

大家纷纷表示不可能做到时,哥伦布拿起一个鸡蛋,稍稍用力向桌面磕去，鸡蛋的一端被磕碎了，同时也稳稳地立在了桌子上。

这个小故事也给投资者们以一定的启示，只要坚定目标，就一定能设法达到。经过几百年的发展，投资市场上可供选择的工具五花八门、种类繁多，除了传统的物业、股票、储蓄、债券以外，黄金、期权、期货等投资工具也日益流行起来，以致初学者刚一接触，往往感到无所适从。他们在面对那些复杂的分析方法时往往走向了两个错误的极端：一个是高山仰止，对于那些所谓专家的专业术语敬仰崇拜，然后用各种理论生搬硬套，唯独放弃自己的清醒头脑；另一个就是干脆放弃学习相关的投资知识，纯粹跟着感觉走。这两种方法对于一个聪明的投资者来说都是不可取的。

一般人都会以为，投资是那些银行家们"聪明的脑袋"设计出来的游戏，听起来越是高深的产品，就越有可能赢取更大利润，其实不然。美国发生的次贷危机就是一个最有力的证明，美国次贷危机带给全世界投资人最大的启示就是，复杂的财务金融工具未必是投资的万灵丹。在投资的过程中，要专注于自己的目标，而不要被复杂的金融工具绕晕了自己的头脑。

用专注的方式创造财富的奇迹不胜枚举，比如，比尔·盖茨只做软件，成为世界首富；巴菲特专做股票成为亿万富翁；英国女作家罗琳，40多岁才开始写作，只写哈利·波特的故事，也成了最赚钱的作家。这些可以证明，只要专注，就有赚大钱的机会。

巴菲特专注于自己的投资目标，他的专注是他投资获利的重要原因。虽然住在偏远的故乡小镇奥马哈，房间里只有简单的几样办公用品和各种报表，但是他却可以做出最精确的市场判断。巴菲特有一个很独特的方法，就是"用脚跟切实地感受市场的温度"。比如在某个时间段，到一些餐厅吃饭，需要排上一个小时的队，但是当他不用排队随时去都可找到空位时，显然说明美国的经济比前段时间衰落了。而巴菲特购买股票的操作策略也再简单不过了——"买便宜货"，然后持有，等到价格上涨后再卖出去。巴菲特在一次演讲中，向听众谈到他的致富之道的时候，他只说了几个字——**习惯的力量**。只有当你习惯了做一些事情，长期去实施，不断地重复简单的过程就是成功的要诀。**关掉外面嘈杂的声音，回归理财的初衷，用自己最熟悉的投资工具，采用最简单的策略，不管是长期投资也好，低买高卖也好，就会看到专注投资带来的力量。**

  对初学者来说，每天周旋在看不完的经济数据当中，是不可取的。你会发现看得越多反而越复杂，越不知所措。面对复杂的环境，专注于自己的投资目标，找出适合自己投资性格的简单投资工具，那么就算你面对多么险恶的投资环境，也无法阻碍你财富的稳定增长。

图书在版编目（CIP）数据

刻意致富：步上财富自由之路 / 融典编著.
北京：中华工商联合出版社，2024.11. -- ISBN 978-7-5158-4140-3

Ⅰ. TS976.15-49

中国国家版本馆CIP数据核字第2024FC9920号

刻意致富：步上财富自由之路

编　　著：	融　典
出 品 人：	刘　刚
责任编辑：	吴建新
封面设计：	冬　凡
责任审读：	郭敬梅
责任印制：	陈德松
出版发行：	中华工商联合出版社有限责任公司
印　　刷：	三河市燕春印务有限公司
版　　次：	2024年11月第1版
印　　次：	2025年1月第1次印刷
开　　本：	720mm×1020mm　1/16
字　　数：	136千字
印　　张：	11
书　　号：	ISBN 978-7-5158-4140-3
定　　价：	36.00元

服务热线：010 — 58301130 — 0（前台）
销售热线：010 — 58301132（发行部）
　　　　　010 — 58302977（网络部）
　　　　　010 — 58302837（馆配部、新媒体部）
　　　　　010 — 58302813（团购部）
地址邮编：北京市西城区西环广场A座
　　　　　19 — 20层，100044
投稿热线：010 — 58302907（总编室）
投稿邮箱：1621239583@qq.com

工商联版图书
版权所有　侵权必究

凡本社图书出现印装质量问题，请与印务部联系。

联系电话：010 — 58302915